Dele Simeon
Olatunji Oladiran

Blocos de betão celular autoclavado (AAC):

Dele Simeon
Olatunji Oladiran

Blocos de betão celular autoclavado (AAC):

Um material de revestimento sustentável para projectos de construção

ScienciaScripts

Imprint
Any brand names and product names mentioned in this book are subject to trademark, brand or patent protection and are trademarks or registered trademarks of their respective holders. The use of brand names, product names, common names, trade names, product descriptions etc. even without a particular marking in this work is in no way to be construed to mean that such names may be regarded as unrestricted in respect of trademark and brand protection legislation and could thus be used by anyone.

Cover image: www.ingimage.com

This book is a translation from the original published under ISBN 978-3-659-77383-9.

Publisher:
Sciencia Scripts
is a trademark of
Dodo Books Indian Ocean Ltd. and OmniScriptum S.R.L publishing group

120 High Road, East Finchley, London, N2 9ED, United Kingdom
Str. Armeneasca 28/1, office 1, Chisinau MD-2012, Republic of Moldova, Europe
Managing Directors: Ieva Konstantinova, Victoria Ursu
info@omniscriptum.com

Printed at: see last page
ISBN: 978-620-3-13538-1

BLOCOS DE BETÃO CELULAR AUTOCLAVADO (AAC): UM MATERIAL DE REVESTIMENTO SUSTENTÁVEL PARA PROJECTOS DE CONSTRUÇÃO

[1]DELE ROGER SIMEON

E

[2]OLATUNJI JOSEPH OLADIRAN

[1,2] DEPARTAMENTO DE CONSTRUÇÃO, UNIVERSIDADE DE LAGOS, AKOKA YABA, LAGOS, NIGÉRIA.

RESUMO

O betão celular autoclavado (AAC) provou ser um material sustentável que pode reduzir as emissões de carbono, a utilização de energia e a escassez de habitações. Apesar destes benefícios, a sua utilização como unidade de revestimento de paredes em projectos de construção em África ainda é incipiente ou inexistente. Assim, este estudo avalia a aceitabilidade e os factores-chave do bloco CCA como material de parede. Para o efeito, foram enviados por correio eletrónico dezassete inquéritos online a profissionais da construção sul-africanos em cinco províncias, enquanto 99 foram auto-administrados em Lagos, na Nigéria, e analisados com ferramentas estatísticas adequadas. O inquérito revelou que os principais blocos de CAA na África do Sul utilizam OPC (graus 52,5 e 42,5), AP, RHA, POFA ou PFA. A leveza, o respeito pelo ambiente e a resistência ao calor são utilizações-chave na Nigéria, enquanto o isolamento contra incêndios, a leveza, a absorção térmica e a flexibilidade são importantes na África do Sul. O estudo conclui que os fabricantes de CCA fora dos quatro tipos principais terão um patrocínio mínimo. Além disso, embora as caraterísticas de leveza promovam a adoção de blocos de CCA em ambos os países, a relevância de outros elementos é diferente. Esta escolha ajuda as construções altas ao reduzir as despesas de fundação.

Palavras-chave: *Betão celular autoclavado, Bloco, Condutores, Nigéria, África do Sul, Sustentabilidade.*

ÍNDICE DE CONTEÚDOS

1. INTRODUÇÃO

A indústria da construção é um sector essencial para o avanço dos Objectivos de Desenvolvimento Sustentável (ODS), que consistem em fornecer infra-estruturas, crescimento económico e criação de emprego. A investigação empírica demonstrou uma correlação clara entre o investimento na construção e o crescimento económico, estabelecendo assim a ligação entre a indústria da construção e o crescimento económico. Estudos demonstraram que os países que investem pelo menos 4% dos seus recursos no sector da construção são susceptíveis de crescer mais rapidamente no seu Produto Interno Bruto do que os países com menor proporção de investimento (Uzairuddin & Jaiswal, 2022; Gobinath et al., 2023). A tecnologia e a inovação em materiais é um aspeto crucial do sector da construção que recebe financiamento e investimentos limitados em países em desenvolvimento como a Nigéria.

De acordo com Aghimien et al. (2019), os especialistas em construção devem fornecer métodos de ponta para estruturas que satisfaçam as necessidades dos consumidores em termos de sustentabilidade, acessibilidade e qualidade. Bankole-Ojo (2008) afirma que as exigências humanas progrediram para além da simples necessidade de abrigo, passando a incluir preocupações com a durabilidade, adaptabilidade, sustentabilidade, utilidade, simplicidade de construção, eficiência de custos, conforto e estética. As indústrias globais, incluindo a construção, esforçam-se por reduzir as emissões de energia e de carbono através de vários meios e estratégias (Nduka et al. 2019). Outro desafio fundamental na Nigéria é reduzir o défice habitacional através de soluções sustentáveis, especialmente materiais (Afolabi et al., 2019). Estas novas exigências sublinham a necessidade de desenvolver novos materiais ou novas formas de fabrico e utilização dos antigos. Considerando o estado atual do ambiente e a necessidade crescente de estruturas construídas de forma mais eficiente em termos ambientais e energéticos, é essencial utilizar materiais sustentáveis e de ponta na construção de paredes (Murugappan & Muthadhi,

2022). O betão celular autoclavado (CAA) provou ser um material sustentável capaz de melhorar o fenómeno global acima mencionado e outros.

O betão celular é produzido através de um processo que inclui a preparação da pasta, a formação de espuma ou a subida, o corte e a cura a vapor (autoclavagem), durante a qual os constituintes primários interagem quimicamente. O betão celular pode ser dividido em dois grupos principais, nomeadamente o betão celular autoclavado (AAC) e o betão celular não autoclavado (NAAC), com base nas técnicas de cura. A cura é um aspeto significativo que tem impacto nas caraterísticas físicas e mecânicas dos betões de várias categorias (Desani et al., 2016). Os materiais de parede anteriores eram tijolos de barro secos ao sol, no entanto, os tijolos queimados foram subsequentemente descobertos com maior resistência a condições climáticas adversas, tornando-os preferíveis aos tijolos de barro (Oo & Hlaing, 2018). O calor é absorvido pelos tijolos de barro cozido ou queimado ao longo do dia e libertado à noite. O processo de cozedura tem evidenciado algumas questões de sustentabilidade devido ao consumo de energia e às emissões de gases com efeito de estufa, mas também tem certas qualidades sustentáveis inerentes, incluindo a durabilidade e a elevada massa térmica.

De acordo com Rathi e Khandve (2015), os tijolos de barro queimado não são ecologicamente sustentáveis e não devem ser substituídos por blocos de CAA. Em comparação com os materiais de construção estruturais convencionais, como o betão, a madeira, o tijolo e a pedra, os blocos de CAA têm vantagens incomparáveis, como serem leves, fáceis de trabalhar, resistentes à humidade, ecológicos, com boas propriedades de assimilação da água, permeáveis, reutilizáveis, não nocivos, reabastecíveis, altamente isolantes, recicláveis, resistentes, duradouros, insonorizantes, retardadores de fogo, excelente isolamento térmico, à prova de insectos, mais rentáveis e ecológicos (Rathi & Khandve, 2015; Oo & Hlaing, 2018; Pandey et al, 2018). O AAC tem sido descrito como um material inovador que se concentra na compatibilidade ecológica e direciona um caminho para o desenvolvimento sustentável, pois satisfaz a regra dos 3R's: Reduzir, Reciclar e Reutilizar (Cheran et al., 2017).

Market and Research (2020) afirmam que o CCA é um dos materiais de construção mais produzidos no mundo, a seguir ao betão, e é fabricado principalmente sob a forma de blocos e painéis. Ao contrário das unidades de alvenaria de betão, os blocos de CAA são sólidos, sem orifícios moldados no núcleo. Quatro polegadas de CAA traduzem-se numa classificação de quatro horas, o que o torna ideal em edifícios comerciais para envolver colunas de aço, rodear poços de elevador e para outros requisitos de proteção contra incêndios. A adoção de blocos de CAA em projectos de construção oferece benefícios como a redução dos custos de construção em até 20% e reduz as necessidades de materiais como cimento e areia em até 50% (Rathi & Khandve, 2015). Além disso, a resistência à compressão do bloco de CCA é superior à do tijolo convencional. No entanto, ao ser arejado com até 50-60% de volume de ar, o bloco de CAA tem um peso menor em comparação com o tijolo convencional. Esta caraterística do CCA contribui para a sua propriedade de leveza e baixa condutividade térmica (Pandey et al., 2018; Oo & Hlaing, 2018). O bloco CCA é um dos materiais de construção ecológicos e certificados como verdes. O aumento da eficiência térmica do CAA torna-o adequado para utilização em áreas com temperaturas extremas, uma vez que elimina a necessidade de materiais separados para construção e isolamento, levando a uma construção mais rápida e à redução de custos (Sahu & Singh, 2017). No meio destas vantagens, seria de esperar que, com os diversos benefícios do CAA, as empresas de construção adoptassem prontamente o material para os seus projetos de construção. Pelo contrário, as empresas de construção adoptaram outros materiais de revestimento convencionais (como blocos de betão-areia, tijolos, etc.) que conhecem para os seus projectos de construção. Falade e Ikponmwosa (2008) corroboram o facto de as partes interessadas estarem viciadas na utilização de materiais de construção convencionais, como blocos de betão-areia, betão, entre outros. O problema que este estudo procura resolver é a utilização de materiais de construção de paredes não sustentáveis. Assim, este estudo tem como objetivo investigar a sensibilização e a utilização de opções de blocos de CCA com vista a fornecer materiais de construção de paredes que sejam sustentáveis. Os objectivos deste estudo são comparar o nível de conhecimento das variantes de blocos CCA na Nigéria e na África do Sul, determinar a perspetiva de adoção de blocos CCA na Nigéria, avaliar a extensão da adoção de blocos CCA em projectos de construção sul-africanos, determinar os factores que influenciam a utilização de blocos CCA em projectos de construção nigerianos e sul-africanos, avaliar as barreiras que impedem a adoção de blocos CCA em projectos de construção e propor estratégias que possam melhorar a sua adoção em projectos de construção. O estudo formula ainda seis hipóteses que foram testadas utilizando ferramentas estatísticas adequadas. As hipóteses incluem que as opiniões dos peritos na Nigéria e na África do Sul sobre o conhecimento das variantes de CAA são significativamente diferentes, que não há variação significativa no potencial de adoção de CAA entre os profissionais nigerianos, que não há diferença significativa entre os profissionais nigerianos e sul-africanos sobre os motores dos blocos CAA, não há acordo significativo entre os profissionais sul-africanos sobre a adoção de variantes de blocos CCA em projectos de construção, não há diferença significativa na perceção dos profissionais nigerianos e sul-africanos sobre as barreiras que impedem a adoção de blocos CCA, e não há diferença significativa na perceção dos profissionais nigerianos e sul-africanos sobre as estratégias para melhorar a adoção de blocos CCA. Os dois países foram selecionados porque houve esforços no passado por parte dos fabricantes sul-africanos para penetrar no mercado nigeriano da construção com produtos de CAA. O estudo é significativo porque se espera que conduza à construção de edifícios sustentáveis em termos de respeito pelo ambiente e acessibilidade dos materiais

2. REVISÃO DA LITERATURA

- **Propriedades físicas e compatibilidade ambiental do betão celular autoclavado (AAC)**

O CAA é também conhecido como betão celular autoclavado (ACC), betão leve autoclavado (ALC), betão autoclavado (AC), betão celular (CC), betão poroso (PC) e betão aéreo (Oladiran & Simeon, 2023). É um material de construção de baixa densidade para suporte de carga devido a uma porosidade mais significativa do que outros materiais de construção de paredes de suporte de carga (Narayanan & Ramamurthy, 2000). O CAA é produzido em vários parâmetros de fabrico; a densidade varia entre 93 e 1800 kg/m3, embora a densidade das partículas componentes seja de aproximadamente 2600 kg/m3. Os poros representam 30% a 90% do volume (Kadashevich et al., 2005). O CAA é assim considerado um material de construção sustentável. Os materiais de construção sustentáveis são aqueles que têm um melhor desempenho em comparação com padrões pré-determinados. Os factores tidos em consideração na escolha de materiais de construção sustentáveis são o custo de transporte, o impacto ambiental, a disponibilidade, a eficiência térmica, a viabilidade financeira, as necessidades dos ocupantes, as considerações de saúde, a reciclabilidade de um edifício demolido, o processo de fabrico, o consumo de energia, os resíduos e a poluição gerados no processo de fabrico, as emissões tóxicas do processo de construção e a utilização de recursos renováveis (Patil & Patil, 2017). Os materiais de construção desempenham um papel fundamental na sustentabilidade das infra-estruturas e contribuem para o florescimento da economia nacional. A utilização de materiais de construção ecológicos tem um impacto negativo no ambiente em várias dimensões devido à utilização extensiva de recursos não renováveis e à quantidade de detritos e poluentes produzidos durante o ciclo de vida do material (Ofori, 2002). Este facto inspirou a investigação de Boido e Caldera (2002) sobre o potencial, as limitações e a sustentabilidade do AAC em fases. Foram avaliados os processos de produção do AACB: a cor, a disposição dos prismas, a planura das faces, a retidão dos bordos e a presença de fracturas, protuberâncias, lascas e desvios em relação às dimensões nominais especificadas. A composição química, a densidade, a absorção capilar e a resistência ao gelo-degelo de três amostras de AACB foram submetidas a ensaios laboratoriais no âmbito da segunda fase do estudo. Os bordos dos blocos do Tipo A e do Tipo B permaneceram firmes após a investigação. Em contraste, o Tipo C apresentou uma degradação e fragmentação substanciais nos testes de estabilidade dimensional, absorção capilar e resistência ao gelo-degelo, com os bordos a sofrerem erosão ao ponto de se partirem completamente. Um exame microscópico revelou que a porosidade do bloco do tipo C é um ponto fraco primário. Os factores de avaliação abrangidos pela terceira fase do inquérito foram o processo de fabrico, o transporte, a fixação, a durabilidade e a facilidade de manutenção. Estes factores mostram que o CAA possui as caraterísticas necessárias de um material sustentável. O CAA é ecologicamente benéfico porque é inteiramente constituído por recursos naturais sem poluentes (Subash et al., 2016); por conseguinte, não contém materiais perigosos ou prejudiciais. Além disso, requer pouca energia para ser produzido, utiliza poucas matérias-primas, é simples de utilizar na construção, tem uma elevada eficiência energética, melhora a qualidade do ar interior e é altamente reciclável. Na mesma linha, o betão leve celular é classificado por Hamad (2014) em betão com espuma e betão autoclavado. Tanto para o betão com espuma como para o betão autoclavado, o processo de produção é categorizado. Prakash et al. (2013) centraram-se no cálculo dos parâmetros físicos, de resistência e elásticos das unidades de blocos de betão celular. Estes incluíram a taxa inicial de absorção, o módulo de elasticidade, a absorção de água e os ensaios de densidade, a resistência à compressão e a resistência à flexão das unidades. As tecnologias de produção de CAA são eficientes do ponto de vista energético e utilizam menos matérias-primas do que outros materiais de construção. Este facto pode ser atribuído ao modelo de produção de baixa densidade, sem resíduos e amigo do ambiente do CCA. O CCA oferece propriedades vantajosas específicas no contexto do desenvolvimento sustentável no sector da construção (Domingo, 2008). Em condições secas, o CCA tem normalmente uma densidade que varia entre 300 e 1.000 kg/m3. A argamassa de betão leve é arejada com bolhas minúsculas provenientes de um processo químico ou de um agente de retenção de ar. O betão celular não contém partículas grosseiras na sua combinação. O pó de alumínio, o cimento, a areia de sílica, a cal viva e o gesso constituem o betão celular (Ismail et al., 2004). Vários estudos investigaram a possível utilização de AACB como um material de construção alternativo tecnicamente viável para a construção. O AACB tem sido utilizado com êxito como material de revestimento de paredes para a construção de edifícios residenciais e hoteleiros no Nepal (Khanal et al., 2020). Sarma et al. (2017) revelaram uma estatística de resistência à compressão de 2,86 N/mm2 durante os 28 dias de cura normal para uma densidade de 617,6 kg/m3 . No entanto, registou uma resistência de mais de 20 N/mm2 com a adição de sílica ativa, fibra de polipropileno e reforços de malha de aço. Khanal et al. (2020) descobriram que a resistência à compressão do AACB era de 4,324 N/mm2 mesmo com uma densidade tão baixa como 617,6 kg/m3 quando comparada com uma resistência à compressão média de 3,402 N/mm2 do tijolo de 1.685,8kg/m3. De acordo com Narayanan e Ramamurthy (2000), o CAA contém tobermorite, que é muito mais sólida do que os produtos fabricados em betão celular normalmente curado e, por conseguinte, mais durável. O CAA oferece um microclima, uma vez que é um material sustentável. De acordo com Rathi e Khandve (2015), o CAA cumpre as normas de desempenho térmico dos edifícios, sendo, por isso, termicamente eficiente. Como resultado da propriedade de leveza do AACB, este reduz significativamente o custo e a robustez do reforço das fundações. Esta afirmação é corroborada por Rathi e Khandve (2015), que observaram que o produto é leve, fácil de cortar e trabalhar, e poupa despesas com aço, cimento, argamassa e reboco. Apesar dos extensos relatórios de investigação sobre a viabilidade do AACB em edifícios, a Nigéria não dispõe de uma política que regule a sua utilização. A ausência de informação sobre materiais sustentáveis e amigos do ambiente no Código Nacional de Construção da Nigéria de 2006 e a falta de conhecimentos técnicos no processamento de AACB para habitação explicam, supostamente, a sua baixa consciencialização e aceitação como material de revestimento de paredes na Nigéria. Atualmente, pode dizer-se que o conhecimento do AACB como material de construção de paredes noutros países africanos, para além da África do Sul, está a dar os primeiros passos ou é inexistente. A dependência da indústria dos tijolos e blocos tradicionais e a sua aversão à mudança para a adoção de materiais sustentáveis como o AACB torna difícil a sua aceitação.

- **Factores determinantes para a adoção do bloco AAC**

O CCA é um dos materiais de parede mais preferidos na Europa e a sua utilização está a expandir-se rapidamente em muitas outras nações, ao contrário de África, onde a sua adoção ainda é difícil (Oladiran et al., 2023). Pandey et al. (2018) corroboram que o CAA é comummente utilizado na Europa e que a sua utilização está a expandir-se rapidamente noutras nações. O CAA é utilizado numa variedade de projectos de construção de edifícios, incluindo os residenciais, educativos, comerciais, hoteleiros e relacionados com os cuidados de saúde. Como resultado, substitui os tijolos de barro, que não são sustentáveis do ponto de vista ambiental.

Rathi e Khandve (2015) descobriram que a utilização de blocos CCA amigos do ambiente em vez dos tradicionais tijolos vermelhos pode reduzir os custos de construção até 20%. A adoção de blocos CCA também resulta em elementos relativamente mais leves, reduzindo a carga morta da parede nas vigas, o que diminui a necessidade de materiais como cimento, reforço e areia em até 50%. Oo e Hlaing (2018) afirmam que o CAA é mais barato do que o tijolo tradicional. Da mesma forma, o bloco CCA pesa menos do que o tijolo comum quando usado para construir uma parede com uma área de superfície de 100 pés. Além disso, os blocos CCA têm uma qualidade superior e uma resistência à compressão melhorada em relação ao tijolo tradicional. De acordo com a Research and Market (2020), o mercado do CAA está a ser impulsionado pela crescente procura de materiais de construção ecológicos na China, enquanto o CAA é amplamente utilizado no Japão, país propenso a terramotos. Na Índia, o AAC, um material de construção verde recentemente aprovado, é utilizado no lugar dos tradicionais tijolos de argila vermelha. De forma semelhante, os blocos de CAA são frequentemente utilizados na Coreia do Sul para reduzir as necessidades de arrefecimento e aquecimento dos edifícios. O clima de investimento em edifícios comerciais melhorou na Austrália, o que aumentará a procura de CAA. A Alemanha também pretende alcançar um parque imobiliário quase neutro para o clima até 2050 em toda a Europa. O mercado do Reino Unido é impulsionado por alterações aos códigos de construção e estratégias para melhorar o desempenho térmico e acústico. Atualmente, os edifícios utilizam frequentemente o CAA, que foi inicialmente desenvolvido na Escandinávia. O CAA é muito procurado na Rússia, apesar de uma quebra geral na atividade de construção. Entretanto, a necessidade de materiais de construção em CAA está a aumentar na Polónia, à medida que o desenvolvimento residencial se expande. Devido à sua capacidade de absorver humidade, o CCA é cada vez mais procurado na América do Norte, nomeadamente nos EUA, e é amplamente utilizado em locais propensos a inundações. O CAA tem tido uma aceitação generalizada no Canadá devido à sua capacidade de resistir ao calor. A infraestrutura em rápida expansão do México está a atrair os principais produtores de CCA para o país. Os blocos de CCA são o material de CCA mais utilizado na Turquia, no Médio Oriente e em África. No entanto, o AAC é reconhecido e autorizado para uso em vários projetos notáveis nos Emirados Árabes Unidos. Prevê-se que vários projectos de infra-estruturas existentes e potenciais na Arábia Saudita e na África do Sul (SA) aumentem a necessidade de materiais AAC. O Brasil está a assistir a um aumento da procura de materiais de CAA na construção de infra-estruturas na América do Sul. O mercado de CAA está a expandir-se na Argentina devido ao prognóstico otimista do país para o sector da construção civil. Embora os países em desenvolvimento estejam fazendo esforços para incorporar tecnologias verdes para sustentabilidade, eficiência energética e conservação (Omuh et al., 2018); a adoção de materiais sustentáveis, como o AAC, ainda é improvável. O significado deste estudo é, portanto, lançar luz sobre a melhoria da adoção do CCA e materiais aliados.

• Variantes de blocos aerados autoclavados (AAC) em uso

As inovações anteriores nas variantes de CAA foram feitas através da substituição dos seus materiais de base por materiais residuais ou subprodutos industriais, sendo aplicados aditivos como fibras, micropartículas, agentes hidropónicos e superplastificantes para melhorar as caraterísticas, as propriedades, o desempenho ou o custo de fabrico do CAA, mantendo as suas propriedades em intervalos aceitáveis (Rahman et al., 2020). Aqui são discutidas algumas variantes de CAA que foram melhoradas e adoptadas em projectos de construção. Jiang et al. (2021) substituíram o cimento Portland comum (OPC) de grau 42,5 por resíduos ZSM-5, onde 51% dos resíduos ZSM-5, 12% de cimento, 34% de cal viva, 3% de gesso, 0,14% de pó de alumínio, 0,78 Ca / Si e 0,8 W / C e descobriram que a resistência à compressão é aumentada (4,2 MPa), que excedeu em muito a especificação de A2.5, grau B05. Além disso, Khan (2020) substituiu o OPC de grau 52,5 por cal e descobriu que a cal não afectava a resistência da mistura. Além disso, Kurama et al. (2009) substituíram até 50% de cinzas de fundo de carvão por areia e descobriram que o valor da condutividade térmica diminuiu até 39% e aumentou até 16% em relação ao CAA de referência. Além disso, Cong et al. (2016) investigaram a proporção ideal de mistura de ganga de carvão de auto-ignição para cal, cimento e gesso na proporção 54: 23: 20: 3 com 1,3% de pó de alumínio e descobriram que esses produtos consistiam em gel CSH e fase tobermorita. Dunster (2007) investigou as propriedades das Cinzas de Lamas de Esgoto Incineradas (ISSA) para a produção de blocos de CCA e referiu que as ISSA só devem ser consideradas para utilização se não estiverem disponíveis alternativas (PFA ou Areia Natural) ou se não forem económicas. Além disso, Rathod e Akbari (2017) investigaram a avaliação do desempenho de blocos de concreto autoclavados aerados usando sílica ativa (SF), em que 52,5 grau OPC está sendo substituído por várias porcentagens até 25% de SF e descobriu que a resistência à compressão aumenta até 80% quando o cimento é substituído por 15% de SF. Vu e Nguyen (2017) investigaram a influência dos aditivos nas propriedades do CAA usando areia de duna como agregados finos, onde a areia normal foi substituída por até 30% de areia de duna. Foi observada uma redução drástica na resistência quando superior a 30%. Kunchariyakun et al. (2015) investigaram o desempenho de pó de alumínio e cinza de casca de arroz contendo resíduos como agregado parcial e agente de substituição expansiva e relataram que o tamanho de partícula delicado tem um efeito positivo na conversão de CSH em tobermorita. Walczak et al. (2015) substituíram a areia por vários tipos de resíduos de vidro e descobriram que o vidro do tubo de raios catódicos tem caraterísticas semelhantes às das amostras de referência. Owsiak et al. (2015) investigaram a substituição de cimento por minerais de argila e descobriram que a aplicação de halloysite como substituto de cimento na quantidade de 5,5% aumenta a resistência em 5,8% na mesma densidade aparente do betão celular autoclavado. Mostafa (2005) substituiu a cal e a areia (ótimo em 50% para misturas com baixo teor de cal e 30% para misturas com alto teor de cal) por escória arrefecida a ar (AS) e descobriu uma melhoria na resistência à compressão e uma menor duração da cura. Além disso, Wang et al. (2016) substituíram completamente a areia para obter uma densidade aparente e uma resistência à compressão de 609 kg/m3 e 3,68 MPa, respetivamente. Mehmannavaz et al. (2014) substituíram completamente o cimento por cinza de combustível pulverizado (PFA) e cinza de combustível de óleo de palma (POFA) e relataram o controlo do calor de hidratação.

• Barreiras que impedem a adoção de blocos de CAA no projeto de construção

De acordo com a Market and Research (2020), o CCA é produzido principalmente sob a forma de blocos e painéis, o que o torna um dos materiais de construção mais produzidos no mundo, a seguir ao betão. Os blocos de CCA são sólidos e não têm furos moldados, ao contrário das unidades de alvenaria de betão. O CAA tem uma classificação de quatro horas quando tem quatro polegadas de espessura, o que o torna perfeito para revestir colunas de aço, rodear poços de elevador e outras necessidades de proteção contra incêndios em estruturas comerciais. As barreiras à utilização de materiais e produtos de construção sustentáveis como o CAA, segundo Anderson et al. (2000) e Davis (2001), são a falta de sensibilização dos profissionais da construção para evitar que o ambiente seja poluído pela utilização de materiais de construção não sustentáveis, a falta de informação ambiental suficiente sobre os materiais estruturais para efetuar uma comparação adequada e a falta de produtos de construção sustentáveis bem conhecidos para serem utilizados na construção. Além disso, Djokoto et al. (2014) identificaram 20 barreiras à construção sustentável no Gana, incluindo a falta de códigos e regulamentos de construção, a falta de bases de dados e de informação, custos de investimento mais elevados, riscos de investimento, incentivos, custos finais mais elevados, falta de procura, falta de sensibilização do público, falta de estratégias para promover a construção sustentável, falta de competências, falta de equipas de conceção e construção, falta de conhecimentos profissionais e falta de avanços tecnológicos. Além disso, Nikyema e Bluoin (2020) agruparam os obstáculos à utilização de materiais de construção ecológicos em cinco categorias, incluindo os ligados ao governo, às pessoas, ao conhecimento e à informação. Dividiram-nos também em categorias relacionadas com o mercado, o custo e o risco. Na mesma linha, Moshin e Ellk (2018) identificaram 14 obstáculos ao uso de materiais de construção sustentáveis na construção civil e os dividiram em obstáculos administrativos e técnicos. O inquérito também indicou que, entre os factores que afectam os obstáculos administrativos, a adoção de materiais amigos do ambiente foi considerada a menos importante e a ausência de colaboração entre as partes interessadas a mais importante. A falta de dados adequados sobre os potenciais impactos ambientais dos materiais de construção utilizados ao longo do seu ciclo de vida foi, no entanto, classificada como a menos importante entre as variáveis das categorias de obstáculos técnicos, enquanto a falta de sensibilização suficiente para lidar com materiais sustentáveis durante o período de ocupação e manutenção foi classificada como a mais importante. Gounder et al. (2021) chegaram a conclusões semelhantes, tendo constatado que os principais obstáculos à utilização de materiais sustentáveis estão relacionados com questões de custo e lucro, relutância por parte de intervenientes importantes em utilizar estes materiais em projectos de construção, falta de incentivos e políticas governamentais. A este respeito, Akadri (2015) concluiu que a impressão de custos adicionais pagos e a falta de conhecimento sobre materiais sustentáveis são os dois principais obstáculos à utilização de materiais sustentáveis. Numa linha semelhante, Kang e Guerin (2009) afirmaram que o conhecimento exato e facilmente acessível e as ferramentas certas são os principais obstáculos à adoção de materiais sustentáveis. Da mesma forma, Hakkinen e Belloni (2011) afirmam que a relutância dos clientes em considerar a responsabilidade ambiental, os custos excessivos, o uso seletivo de materiais, bem como a falta de educação sobre a necessidade urgente de sustentabilidade, são barreiras que os impedem de se comprometerem com abordagens de design sustentável. Com base no exposto, o presente estudo adopta estas perspectivas sobre os obstáculos à adoção de blocos AAC.

- **Estratégias para melhorar a utilização de blocos de CAA em projectos de construção**

A utilização de blocos de CAA em projectos de construção tem de ser melhorada, sendo necessárias acções contínuas. Um dos materiais de construção ecológicos cuja utilização foi aprovada é o bloco de CAA. O desempenho térmico melhorado do CAA qualifica-o para utilização em climas quentes, eliminando a necessidade de materiais de construção e de isolamento separados, o que acelera a construção e reduz os custos (Sahu & Singh, 2017). O estudo de Pandey et al. (2018) identificou melhorias na utilização de blocos de CAA em projectos de construção. No entanto, a investigação sugeriu que, para melhorar a utilização de produtos de CAA numa variedade de indústrias, é necessário investir em equipamento automatizado de alta qualidade que utilize tecnologia de produção de ponta. A fase seguinte da expansão do mercado e do aumento da quota de mercado do CCA como material de construção consiste em fornecer uma solução completa de CCA. Por conseguinte, investir em renovações de fábricas de ponta e em instalações totalmente novas com tecnologia CCA de ponta é crucial para se manter à frente da indústria da construção em constante evolução (Simeon & Oladiran, 2023). Além disso, a Market and Research (2020) referiu que a expansão do sector das infra-estruturas, as preferências crescentes por habitação a preços acessíveis, a procura crescente de materiais de construção leves e a ênfase crescente em estruturas ecológicas e insonorizadas são estratégias que podem aumentar a utilização de blocos CCA. Na Nigéria, deve ser criada legislação governamental que apoie a conservação de energia e as práticas de construção sustentável (Davies & Davies, 2017). Os autores também afirmaram que atualmente não existem leis, regras ou organizações dedicadas ao desenvolvimento sustentável que apoiem a preservação ambiental e a eficiência energética, e nenhuma foi posta em prática. Com base no facto de que muitas pessoas se licenciam em construção e em áreas relacionadas com a construção todos os anos em várias instituições de ensino, os autores sugeriram que é importante incluir a educação para a construção sustentável e ecológica no currículo, porque permitirá que os profissionais e investigadores tragam experiência prática para as salas de aula para os alunos. Do mesmo modo, Ofori (2006) apoia as conclusões de Davies e Davies (2007) de que o Código Nacional de Construção da Nigéria não se baseou no desenvolvimento sustentável, mas sim no colapso recorrente de edifícios, na escassez de normas de projeto referenciadas para profissionais e no emprego de profissionais não qualificados. O relatório sugeriu uma revisão completa do Código Nacional de Construção para incluir ideias sustentáveis. De acordo com Eley (2011), El-Gohary e El-Diraby (2010), os fabricantes e fornecedores devem continuar a criar produtos amigos do ambiente e a expandir as suas linhas de produtos, uma vez que, com mais opções, os clientes e os projectistas estão mais inclinados a escolher esta opção. A fim de aumentar a utilização de blocos de CAA em projectos de construção, o presente estudo analisa as estratégias acima referidas na Nigéria e na África do Sul.

3. MÉTODOS DE INVESTIGAÇÃO

Para este estudo, foi utilizado um modelo de investigação de inquérito na Nigéria e na África do Sul. A Nigéria e a África do Sul foram escolhidas porque, no passado, havia uma empresa sul-africana na Nigéria que fabricava e introduzia os blocos CCA e os utilizava em alguns projectos em Lagos. No entanto, a empresa teve de se mudar para a África do Sul devido à falta de patrocínio. Os profissionais da construção em Lagos, na Nigéria, foram selecionados utilizando a técnica de amostragem de conveniência, enquanto a técnica de amostragem de bola de neve foi utilizada para os profissionais da construção sul-africanos em cinco províncias. O questionário incluía perguntas fechadas sobre os objectivos da investigação. O questionário estava dividido em 7 secções. A primeira secção procurava obter informações sobre o perfil demográfico dos inquiridos. A segunda secção do questionário obteve dados sobre 20 variantes da AACB provenientes da literatura. Esta secção comparou o grau de conhecimento das 20 variantes da AACB entre os profissionais da construção nos dois países. Cada variante foi apresentada numa escala de Likert de 1 a

5. Na escala, 1 denotava "Nenhum conhecimento", 2 "Ligeiro conhecimento", 3 "Conhecimento moderado", 4 "Conhecimento elevado" e 5 "Conhecimento total". A terceira secção do instrumento de recolha de dados avaliou a probabilidade de a AACB ser adoptada no sector da construção da Nigéria. Isto foi obtido junto dos participantes, que foram novamente inquiridos numa escala de Likert de 1 a 5: 1 para Muito Fraco, 2 para Fraco, 3 para Médio, 4 para Bom e 5 para Muito Bom. Para a quarta secção, foram fornecidas vinte variantes de blocos de CAA retiradas da literatura, bem como o nível de adoção de cada versão nos dez projectos anteriores executados pelos inquiridos na África do Sul; isto não foi realizado na Nigéria porque o CAA não é atualmente utilizado por profissionais na Nigéria. Cada projeto foi medido numa escala de 1 a 10, em que se pedia aos inquiridos que seleccionassem qualquer versão que tivesse sido utilizada em 10 projectos executados nos últimos 5 anos.

Além disso, a importância de 26 impulsionadores da CAA foi analisada na quinta secção, numa escala de 1 a 5, de pouco importante a muito importante. Além disso, a sexta parte do instrumento de investigação procurou avaliar 23 barreiras que impedem a adoção da CAA. Cada barreira foi avaliada numa escala de 1 a 5, de modo a obter as classificações percebidas pelas duas categorias de profissionais. A descrição da escala é a seguinte: 5 representa o mais significativo, 4 representa mais significativo, 3 representa moderadamente significativo, 2 representa ligeiramente significativo e 1 representa não significativo. A última secção avalia 18 estratégias importantes que podem melhorar a adoção da CAA em projectos de construção. Cada estratégia foi analisada numa escala de 1 a 5, de modo a obter as classificações percepcionadas pelas duas categorias de profissionais. A descrição da escala é a seguinte: 5 representa o mais importante, 4 representa mais importante, 3 representa moderadamente importante, 2 representa ligeiramente importante e 1 representa não importante. Cento e quarenta e cinco questionários foram entregues a profissionais em Lagos, com uma taxa de resposta de 68,3%; enquanto 17 questionários foram recolhidos na África do Sul junto de profissionais que estão familiarizados com o material e envolvidos na sua utilização em projectos de construção em cinco províncias. As ferramentas analíticas utilizadas no estudo são a frequência, a percentagem, a pontuação média, a classificação e a utilização média percentual (%PMU). Entretanto, o teste U de Mann-Whitney, o teste ANOVA e o Coeficiente de Concordância de Kendall foram utilizados para determinar os resultados inferenciais.

$$\text{PMU of each variant} = \frac{\text{Number of times a variant was used (F)}}{\text{Total number of times AAC blocks were used on projects (T)}} \times 100\%$$

Additionally,

$$\text{Mean Usage of AAC block} = \left(C = \frac{n-A}{n}\right)$$

Where:

n = total number of projects (10)

A = total number of projects where AAC was used.

4. CONCLUSÕES

• Perfil demográfico

Os perfis dos inquiridos e das organizações dos profissionais nigerianos são apresentados no Quadro 1.

A Tabela 1 apresenta a informação demográfica dos inquiridos nigerianos, uma vez que capta a experiência profissional dos inquiridos que participaram no estudo. Da primeira categoria de inquiridos, 7,1% eram Arquitectos, 38,4% eram Construtores, 45,5% eram Engenheiros Civis e 9,1% eram Avaliadores de Quantidade. Este resultado revelou que a maioria dos inquiridos tinha formação académica em Engenharia Civil. Além disso, no que diz respeito à filiação profissional, 7,1% estão registados no Instituto Nigeriano de Arquitectos (NIA), 38,4% estão registados no Instituto Nigeriano de Construção (NIOB), 45,5% estão registados na Sociedade Nigeriana de Engenheiros (NSE) e 9,1% estão registados no Instituto Nigeriano de Agrimensores (NIQS). Este resultado indica que a maioria dos inquiridos está registada na Sociedade Nigeriana de Engenheiros.

A Tabela 1 também indica a qualificação académica mais elevada dos inquiridos nigerianos. 10,1% dos inquiridos possuem um Diploma Nacional superior, 55,6% dos inquiridos possuem um Bacharelato universitário, 31,3% e 3,0% dos inquiridos possuem Mestrados e Doutoramentos, respetivamente. A inferência que se pode retirar deste resultado é que os inquiridos adquiriram um nível significativo de educação formal e foram capazes de compreender as perguntas e de dar respostas de qualidade às várias perguntas de investigação. A experiência é fundamental e pode representar o nível de conhecimento de um inquirido em relação a um estudo. 25,3% dos inquiridos nigerianos tinham anos de experiência entre 1 e 5 anos, 29,3% dos inquiridos tinham anos de experiência entre 6 e 10 anos, 26,3% dos inquiridos nigerianos tinham anos de experiência entre 11 e 15 anos, 12,1% dos inquiridos nigerianos tinham anos de experiência entre 16 e 20 anos, enquanto 7,1% dos inquiridos nigerianos tinham anos de experiência de 21 anos ou mais. O Quadro 1 mostra ainda a proporção de participantes de cada tipo de organização. 31,3% dos inquiridos nigerianos pertenciam a organizações de consultoria, 45,5% a organizações de contratação, 5,1% a organizações de clientes e 18,2% a organizações de conceção e construção.

O quadro 1 revela ainda que a amostra do estudo era constituída principalmente por organizações de média dimensão, com 47,5%, seguidas de organizações de pequena dimensão, com 43,4%, e de organizações de grande dimensão, com 9,1%. O quadro indica ainda o tipo de propriedade e gestão das organizações que participaram no inquérito e revela que 60,6% são de propriedade nacional, 5,1% são totalmente expatriadas, enquanto 34,3% são parcialmente nacionais e parcialmente expatriadas. O Quadro 1 mostra ainda a natureza dos trabalhos de construção efectuados pelas organizações. 27,3% dos inquiridos realizam novas obras de construção, 5,1% dos inquiridos realizam obras de renovação/reabilitação e 67,7% dos inquiridos realizam obras de contratação geral. Este resultado indica que um maior número de inquiridos nigerianos realiza obras de contratação geral.

Tabela 1: Perfil demográfico dos inquiridos nigerianos

Descrição	Frequência	Percentagem
Experiência profissional		
Arquitetura	7	7.1
Edifício	38	38.4
Engenharia Civil	45	45.5
Levantamento de quantidades	9	9.1
Total	99	100.0
Organismo profissional		
NIA	7	7.1
NIOB	38	38.4
NSE	45	45.6
NIQS	9	9.1
Total	99	100.0
Qualificação académica mais elevada		
OND	0	0
HND	10	10.1
Licenciatura/Bacharelato	55	55.6

Mestrado/MBA	31	31.3
Doutoramento	3	3
Total	99	100.0
Anos de experiência		
1-5 anos	25	25.3
6-10 anos	29	29.3
11-15 anos	26	26.3
16-20 anos	12	12.1
21 anos ou mais	7	7.1
Total		
Quadro 1 Cont.	99	100.0
Tipo de organização		
Consultoria	31	31.3
Contratação	45	45.5
Organização do cliente	5	5.1
Conceção e construção	18	18.2
Total	99	100.0
Dimensão da organização		
Pequena dimensão com 1-50	43	43.4
Tamanho médio com 51-250	47	47.5
Grande dimensão com 250 ou mais	9	9.1
Total	99	100.0
Propriedade e gestão		
Totalmente indígena	27	60.6
Totalmente expatriado	5	5.1
Descrição	Frequência	Percentagem
Parcialmente indígena e parcialmente expatriado	67	34.3
Total	99	100.0
Natureza do trabalho efectuado Nova construção	27	27.3
Renovação	5	5.1
Contratação geral	67	67.7
Total	99	100.0

A experiência é fundamental e pode representar o nível de conhecimento de um inquirido em relação a um estudo. 5,9% dos inquiridos sul-africanos tinham anos de experiência de 1 a 5 anos, 17,6% dos inquiridos sul-africanos tinham anos de experiência de 6 a 10 anos, 47,1% dos inquiridos sul-africanos tinham anos de experiência de 11 a 15 anos, 17,6% dos inquiridos sul-africanos tinham anos de experiência de 16 a 20 anos e 11,8% dos inquiridos sul-africanos tinham anos de experiência de 21 anos ou mais. O Quadro 2 revela ainda que a amostra do estudo era constituída principalmente por organizações de média dimensão, com 35,3%, seguidas de organizações de pequena dimensão, com 41,2%, e de organizações de grande dimensão, com 23,5%. O Quadro 2 indica ainda o tipo de propriedade e gestão da organização e revela que 47,1% das organizações na África do Sul que participaram no inquérito são de propriedade nacional, 17,6% das organizações são totalmente expatriadas, enquanto 5,3% das organizações são parcialmente nacionais e parcialmente expatriadas, respetivamente. A Tabela 2 mostra ainda a natureza dos trabalhos de construção efectuados pelas organizações participantes. 23,5% dos inquiridos realizam novas obras de construção, 5,9% dos inquiridos realizam obras de renovação/remodelação, enquanto 70,6% dos inquiridos realizam obras de contratação geral. Este resultado indica que um maior número de inquiridos realiza trabalhos de contratação geral. A última parte da Tabela 2 revelou as províncias dos profissionais referidos da África do Sul. 59% exercem a sua atividade em Western Cape, 11,8% exercem a sua atividade em Gauteng, Eastern Cape, Free State, KwaZulu-Natal, respetivamente. Isto mostra que a maioria dos profissionais participantes são de Western Cape.

Quadro 2: Perfil demográfico dos inquiridos sul-africanos

Descrição	Frequência	Percentagem
Anos de experiência		
1-5 anos	1	5.9
6-10 anos	3	17.6
11-15 anos	8	47.1
16-20 anos	3	17.6
21 anos ou mais	2	11.8
Total	17	100.0
Dimensão da organização		
Pequena dimensão com 1-50	6	35.3
Tamanho médio com 51-250	7	41.2
Grande dimensão com 250 ou mais	4	23.5
Total	17	100.0

Propriedade e gestão		
Totalmente indígena	8	47.1
Totalmente expatriado	3	17.6
Em parte autóctones e em parte expatriados	6	35.3
Total	17	100.0
Natureza do trabalho efectuado		
Nova construção	4	23.5
Renovação	1	5.9
Contratação geral	12	70.6
Total	17	100.0
Província		
Cabo Ocidental	9	52.9
Gauteng	2	11.8
Cabo Oriental	2	11.8
Estado Livre	2	11.8
KwaZulu-Natal	2	11.8
Total	17	100.0

• Sensibilização para as variantes do bloco AAC

A Tabela 3 mostra as respostas dos inquiridos sobre o nível de conhecimento das variantes dos blocos de CAA. Para quantificar o nível de conhecimento das variantes por parte dos inquiridos, foi adoptada uma escala graduada de 1,00 a 5,00 e foram calculadas as pontuações médias. Os valores médios foram interpretados usando a seguinte escala 1,00 ≤ MS < 1,49 "significa nada ciente", 1,50 ≤ MS < 2,49 significa 'ligeiramente ciente', 2,50 ≤ MS < 3,49 significa 'moderadamente ciente', 3,50 ≤ MS < 4,49 significa 'altamente ciente' e 4,50 ≤ MS ≤ 5,00 significa 'totalmente ciente'. O estudo revelou que os inquiridos nigerianos estão ligeiramente conscientes de 19 das 20 variantes de CAA listadas, com uma pontuação média que varia entre 1,63 e 2,11. As variantes de CAA mais conhecidas pelos profissionais incluem o CAA com 52,5 graus OPC (MS=2,11), seguido de perto pelo CAA com 42,5 graus OPC (MS=2,07) e pelo CAA com RHA/AP (MS=2,01). Por outro lado, como evidenciado, o CCA com cinza de folha de bambu (MS= 1,36) foi o menos classificado entre as variantes de CCA e os profissionais não têm qualquer conhecimento desta variante. Por outro lado, na tabela 4.3, as pontuações médias das opções de blocos de CAA, tal como percebidas pelos inquiridos sul-africanos, variam entre 1,41 e 4,94. Os profissionais sul-africanos estão totalmente conscientes do CAA feito com OPC de grau 52,5. De igual modo, os profissionais estão muito conscientes do CAA feito com OPC de grau 42,5 e do CAA com RHA/AP. Os profissionais têm um conhecimento moderado de 13 das 20 variantes de CAA. Além disso, os profissionais têm um conhecimento ligeiro de três variantes do CAA, nomeadamente: o CAA feito com SCG com uma pontuação média de 2,47, o CAA feito com PW/PF com uma pontuação média de 2,35 e o CAA feito com OPC de 32,5 graus com uma pontuação média de 1,94. Os profissionais não têm qualquer conhecimento do CAA feito com BLA (MS=3,07).

Quadro 3: Sensibilização para as variantes de blocos AAC na Nigéria e na África do Sul

Profissionais nigerianos

Profissionais sul-africanos

Variantes AAC		N	EM	Classificação	N	EM	Classificação
AAC com 52,5 (OPC)	grau de cimento Portland normal	94	2.11	1	17	4.94	1
AAC com 42,5 (OPC)	grau de cimento Portland normal	95	2.07	2	17	4.24	2
CCA com pó de alumínio (AP)/cinzas de casca de arroz (RHA)		93	2.01	3	16	4.00	3
CCA com ganga de carvão de auto-ignição (SCG)		95	1.98	4	17	2.47	17
CCA com cinza de fundo de carvão (CBA)		94	1.95	5	17	2.94	6
CCA com Bloco Sanduíche de Betão (CSB)/ Resíduos de Vidro (WG)		95	1.94	6	17	2.88	7
CCA com aditivo de zeólito natural (NZ)		95	1.94	6	17	2.76	9

	N	MS		N	MS	
CCA com cinza de combustível pulverizado (PFA)/Cinzas de combustível de óleo de palma (POFA)	95	1.89	8	17	3.35	4
CCA com rejeitos de cobre (CT)/escória de alto-forno	94	1.85	9	17	2.76	9
(BFS) AAC com areia de eflorescência (ES)	95	1.77	10	17	2.65	12
CCA com sílica de fumo (SF)/cinzas volantes (FA)	94	1.76	11	17	3.06	5
CCA com escória arrefecida a ar (AS)	94	1.76	11	17	2.59	13
CCA com resíduos de perlite (PW)/ fibra de polipropileno (PF)	95	1.71	13	17	2.35	18
CCA com escória de fósforo (PS)	92	1.70	14	17	2.59	13
AAC com areia de duna (DS)	93	1.68	15	17	2.82	8
AAC com pó de Halloysite (HP)	93	1.68	15	17	2.59	13
AAC com ganga de carvão (CG)/ rejeitos de minério de ferro (IOT)	95	1.67	17	16	2.69	11
AAC com cinzas de lamas de depuração incineradas (ISSA)	93	1.66	18	17	2.59	13
Cimento Portland com cimento Portland comum (OPC) de grau 32,5	97	1.63	19	17	1.94	19
AAC com cinza de folha de bambu (BLA)	95	1.36	20	17	1.41	20

Nota: 1 representa nada consciente, 2 representa ligeiramente consciente, 3 representa moderadamente consciente, 4 representa muito consciente, 5 representa totalmente consciente. N representa o número de inquiridos; MS representa a pontuação média.

- **Perspectivas de adoção de blocos de CCA na indústria da construção nigeriana**

O quadro 4 apresenta as respostas dos profissionais nigerianos sobre a perspetiva de adoção dos blocos CCA na indústria da construção nigeriana. As taxas de resposta sobre a perspetiva de adoção de variantes de blocos CAA são as seguintes 5,2% dos inquiridos indicaram "muito mau", 25,8% dos inquiridos indicaram "mau", 37,1% dos inquiridos indicaram "moderado", 26,8% dos inquiridos indicaram "bom", enquanto 5,2% dos inquiridos indicaram "muito bom". Com base nestes resultados, a maioria dos profissionais nigerianos tem uma disposição moderada em relação à adoção futura do bloco AAC. Além disso, o valor médio para a perspetiva de adoção do bloco AAC na indústria de construção nigeriana foi interpretado usando a seguinte escala 1,00 ≤ MS <1,49 representa 'Muito pobre', 1,50 ≤ MS <2,49 representa 'Pobre', 2,50 ≤ MS <3,49 representa 'Moderado', 3,50 ≤ MS <4,49 representa 'Bom' e 4,50 ≤ MS ≤ 5,00 representa 'Muito bom'. A tabela indicou uma perspetiva moderada para a adoção do bloco AAC pelos inquiridos nigerianos. Isto implica que existe uma probabilidade de o bloco ser adotado no futuro.

Quadro 4: Perspectivas de adoção do bloco CCA na indústria da construção nigeriana

Tipo		Taxa de resposta		EM	SD
	1	234	5		
Prospeção	5	25(25.8%) 36(37.1%) 26(26.8%)	5(5.2%)	3.01	.794

(5.2%)

Nota: 1 representa muito mau, 2 representa mau, 3 representa moderado, 4 representa bom e 5 representa muito bom. MS representa a pontuação média e SD representa o desvio padrão.

- **Factores importantes para a adoção da CAA em projectos de construção**

A Tabela 5 apresenta as respostas dos profissionais nigerianos e dos profissionais sul-africanos referidos aos factores importantes para a adoção de blocos de CAA em projectos de construção. Para quantificar os factores determinantes da adoção do CAA, foi adoptada uma escala graduada de 1,00 a 5,00 e foram calculadas as pontuações médias. Os valores médios foram interpretados adaptando uma escala desenvolvida por Oladiran e Simeon (2023) e foi modificada usando a seguinte escala 1,00 ≤ MS < 1,49 "significa não importante", 1,50 ≤ MS < 2,49 significa 'ligeiramente importante', 2,50 ≤ MS < 3,49 significa 'moderadamente importante', 3,50 ≤ MS < 4,49 significa 'mais importante' e 4,50 ≤ MS ≤ 5,00 significa 'mais importante'. O instrumento de inquérito utilizado foi um questionário de 26 itens. As contagens de frequência e as pontuações médias dos factores para a adoção de blocos AAC em projectos de construção variaram entre 3,07 e 4,17 e 4,06 e 4,71 para a Nigéria e a África do Sul, respetivamente. Os resultados confirmaram que 24 factores eram mais importantes para os profissionais da indústria da construção nigeriana, enquanto 2 factores (resistência a pragas e bolores MS=3,33 e esteticamente apelativo MS=3,07) eram moderadamente importantes para os profissionais da construção nigerianos. Além disso, os resultados confirmaram que 9 dos 26 factores eram mais importantes para os profissionais sul-africanos, enquanto os restantes 17 factores eram mais importantes para os inquiridos.

Quadro 5: Factores importantes para a adoção da CAA em projectos de construção

Condutores Profissionais nigerianos

Profissionais sul-africanos

	N	EM	Classificação	N	EM	Classificação
Leve	95	4.17	1	17	4.71	2
Eficiência energética	96	4.16	2	17	4.71	2
Ecologicamente melhor do que outros produtos convencionais materiais de revestimento						
	93	3.98	3	17	4.41	14
Adaptabilidade dos AAC aos climas tropicais						
	95	3.95	4	17	4.35	16
Propriedade de absorção térmica superior						
	96	3.84	5	17	4.71	2
Excelente isolamento contra o fogo	96	3.84	5	17	4.76	1
Facilmente adaptável a qualquer estilo de arquitetura						
	94	3.84	5	17	4.59	5
Utilização de mão de obra reduzida no fabrico e						
instalação	96	3.81	8	17	4.35	16
Fabricado a partir de matérias-primas abundantes	96	3.80	9	17	4.18	21
Redução do custo de construção						
	96	3.80	9	17	4.35	16
Amigo do ambiente	97	3.78		11	17	4.595
Condutividade térmica óptima						

	94	3.73	12	17	4.59	5
Baixo custo de manutenção	94	3.72	13	17	4.12	23
Instalação rápida e fácil	96	3.70	14	17	4.53	8
Redução da carga morta na estrutura	95	3.69	15	17	4.41	14
Bom desempenho acústico	93	3.68	16	17	4.18	21
Altamente durável	96	3.68	16	17	4.47	10
Versátil, uma vez que os componentes podem ser utilizados em paredes, pavimentos e tectos	96	3.68	16	17	4.24	20
Reciclável	96	3.65	19	17	4.35	16
Redução da transferência de carga sobre a fundação						
	96	3.64	20	17	4.47	10
Redução da transferência de carga para a fundação	96	3.64	20	17	4.47	10
Sistema de parede respirável	95	3.62	21	17	4.47	10
O seu processo de produção não emite gases tóxicos						
	96	3.61	22	17	4.53	8
Utilizado para a construção de habitações de baixo custo	96	3.53	23	17	4.47	10
Resistente à humidade	95	3.52	24	17	4.12	23
Resistência a pragas e bolores	96	3.33	25	17	3.94	26
Esteticamente apelativo	96	3.07	26	17	4.06	25

Nota: 1 representa nada importante, 2 representa ligeiramente importante, 3 representa moderadamente importante, 4 representa mais importante, 5 representa muito importante. Enquanto N representa o número de inquiridos; MS representa a pontuação média

- **Adoção de variantes de blocos de CAA em projectos de construção no sector da construção sul-africano.**

A Tabela 6 mostra que a média de utilização de blocos CCA entre os 17 inquiridos varia entre 0,2 e 0,5. Além disso, a percentagem média geral de utilização média dos blocos CCA nos projectos de construção sul-africanos é de 40,6%. Este valor mostra que o bloco CCA não é facilmente adotado em comparação com outros materiais de revestimento de paredes para projectos de construção. Os resultados revelaram ainda que, mesmo entre os inquiridos, existem diferentes graus de utilização do bloco CCA nos seus projectos. A sua utilização em alguns projectos é de cerca de 20%, o que indica que o bloco CCA não foi totalmente adotado por todos no sector da construção na África do Sul.

Quadro 6: Adoção de variantes de blocos de CAA em projectos de edifícios SA

Respondent	Total Number of Projects (n)	Number of Projects that AAC was used (A)	Number of Projects that AAC was not used (B)	Mean Usage ($C=\frac{n-A}{n}$)	Percent Mean Usage (%MU)	Rank
1	10	5	5	0.5	50	1
2	10	4	6	0.4	40	8
3	10	4	6	0.4	40	8
4	10	5	5	0.5	50	1
5	10	5	5	0.5	50	1
6	10	2	8	0.2	20	16
7	10	5	5	0.5	50	1
8	10	3	7	0.3	30	14
9	10	5	5	0.5	50	1
10	10	4	6	0.4	40	8
11	10	4	6	0.4	40	8
12	10	5	5	0.5	50	1
13	10	2	8	0.2	20	16
14	10	4	6	0.4	40	8
15	10	5	5	0.5	50	1
16	10	4	6	0.4	40	8
17	10	3	7	0.3	30	14
Total	170	69		6.9	690	

The Average Percentage Mean Usage is $= \frac{690}{17} = 40.6\%$

Além disso, o Quadro 7 apresenta o nível de adoção das diferentes variedades de blocos CAA no projeto de construção do SA, com base nos resultados de um estudo descritivo. Foi pedido aos participantes que indicassem as variantes de blocos CCA que utilizaram nos seus dez projectos mais recentes. De acordo com os resultados, o CCA fabricado com OPC de grau 52,5 com (% MU=31,5), o CCA fabricado com OPC de grau 42,5 com (% MU=27,4), o CCA fabricado com cinza de casca de arroz ou pó de alumínio com (% MU=15,9) e o CCA fabricado com cinza de combustível de óleo de palma ou cinza de combustível pulverizado com (% MU=15,9) são as principais variantes de blocos de CCA utilizadas nos projectos de construção. No entanto, a versão de bloco de CCA mais utilizada no SA é o CCA fabricado com OPC de grau 52,5.

Variações AAC	F	% UM	Classificação	
CCA com cimento Portland ordinário (OPC) de grau 52,5	85	31.5	1	
CCA com cimento Portland ordinário (OPC) de grau 42,5	74	27.4	2	
CCA com cinza de casca de arroz (RHA) / pó de alumínio (AP)	43	15.9	3	
CCA com cinza de combustível pulverizada (PFA) / combustível de óleo de palma Cinzas (POFA)	43	15.9	3	
CCA com sílica de fumo (SF) / cinzas volantes (FA)	11	4.1	5	
CCA com cimento Portland ordinário (OPC) de grau 32,5	9	3.3	6	
AAC com areia de duna (DS)	3	1.1	7	
AAC com areia de eflorescência (ES)	2	0.7	8	
CCA com cinza de fundo de carvão (CBA)	0	0	9	
CCA com aditivo de zeólito natural (NZ)	0	0	9	
CCA com ganga de carvão de auto-ignição (SCG)	0	0	9	
AAC com cinzas de lamas de depuração incineradas (ISSA)	0	0	9	
AAC com cinza de folha de bambu (BLA)	0	0	9	
CCA com Bloco Sanduíche de Betão (CSB) / Resíduos Vidro (WG)	0	0	9	
AAC com pó de Halloysite (HP)	0	0	9	
CCA com escória arrefecida a ar (AS)	0	0	9	
AAC com Areia Fosfórica (PS)	0	0	9	
AAC com ganga de carvão (CG) / rejeitos de minério de ferro (IOT)	0	0	9	
CCA com rejeitos de cobre (CT) / escória de alto-forno (BFS)	0	0	9	
CCA com resíduos de perlite (PW) / fibra de polipropileno (PF)	0	0	9	
Número total de vezes que os blocos AAC foram utilizados	270	100		

Nota: F = número de vezes que cada variante foi utilizada; e %MU indica a Percentagem de Utilização Média de cada variante.

• **Barreiras significativas que limitam a utilização de blocos de CAA em projectos de construção.**

A Tabela 8 apresenta as opiniões dos profissionais da Nigéria e da África do Sul sobre 23 barreiras que impedem a utilização de blocos CAA em projectos de construção. Foi utilizada uma escala ponderada de 1,00 a 5,00 e as pontuações médias foram calculadas de modo a identificar os obstáculos significativos à adoção do CAA. Os resultados mostraram que todos os 23 obstáculos eram significativos, uma vez que todas as médias em ambos os países variavam entre 3,29 e 4,00. Os resultados também mostraram que, enquanto as restantes 16 barreiras foram um pouco significativas para os inquiridos, 7 das 23 barreiras foram mais significativas para os referidos profissionais sul-africanos. Os resultados também demonstram que a falta de políticas e apoio governamentais, o pequeno potencial de mercado, a falta de conhecimentos sobre sustentabilidade e a falta de sensibilização dos consumidores para os benefícios da utilização de produtos de CAA são barreiras significativas à utilização de blocos de CAA no sector da construção nigeriano. As revelações feitas por Falade e Ikponmwosa (2008) de que as partes interessadas no ambiente construído estão habituadas a empregar materiais de revestimento tradicionais, como blocos de areia, tijolos, betão, etc., são confirmadas por estes estudos. Da mesma forma, os elevados custos de arranque das fábricas de CCA, a falta de conhecimentos facilmente disponíveis, a disponibilidade de materiais tradicionais e a falta de procura de edifícios energeticamente eficientes são obstáculos que restringem seriamente a utilização de blocos CCA no sector da construção sul-africano. Além disso, existem diferenças notáveis entre a forma como estes obstáculos foram vistos pelos dois tipos de inquiridos. Estudos realizados por Moshin e Ellk (2018) apoiam a conclusão de que um obstáculo significativo à utilização de materiais ecológicos é a ausência de informação livremente disponível.

Tabela 8: Barreiras significativas que limitam a utilização de blocos de CAA em projectos de construção.

Barreiras Profissionais nigerianos Profissionais sul-africanos

	N	EM	Classificação	N	EM	Classificação
Políticas e apoios governamentais inadequados	94	3.88	1	17	3.35	15
Potenciais de mercado	95	3.81	2	17	3.53	5
Baixo nível de sensibilização e conhecimento do conceito de sustentabilidade	96	3.80	3	17	3.18	21
Não sensibilização das pessoas para o	96	3.79	4	17	3.35	14
utilização vantajosa dos produtos CAA Falta de interesse em novos produtos por parte de compradores e proprietários de casas	96	3.78	5	17	3.47	8

Barreiras Profissionais nigerianos Profissionais sul-africanos

	N	EM	Classificação	N	EM	Classificação
Falta de acesso rápido e acessível	95	3.78	5	17	3.59	2
informação Elevado capital para a criação de uma fábrica de CCA	95	3.76	7	17	4.00	1
Estrutura atual do sector da construção	95	3.76	7	17	3.47	8
Pouco interesse em novos produtos por	95	3.76	7	17	3.53	5
Arquitectos e promotores Ausência de normas de conceção para a CAA	96	3.75	10	17	3.41	12
produtos Disponibilidade de materiais convencionais	95	3.75	10	17	3.59	2
Custos de arranque associados à promoção e ensino da construção com produtos CAA na indústria	95	3.75	10	17	3.47	12
Projeto de demonstração exemplar inadequado para	96	3.74	13	17	3.47	12
incutir confiança na utilização de produtos de CAA Baixo nível de procura e de conhecimento	96	3.74	13	17	3.12	23
Produtos de CCA Pouca procura de produtos energeticamente eficientes	93	3.72	15	17	3.59	2

edifícios Utilização de materiais de construção não sustentáveis	95	3.72	15	17	3.35	14
Acessibilidade	95	3.71	17	17	3.35	14
Perceção desfavorável dos compradores de habitação em	95	3.71	17	17	3.47	8 s 5
relação ao bloco AAC a curto prazo Conhecimentos técnicos inadequados e	93	3.69	19	17	3.53	
mão de obra para o fabrico de produtos de CCA Códigos de construção inadequados e	96	3.69	19	17	3.29	19
regulamentos Custos da "curva de aprendizagem" enquanto	96	3.68	21	17	3.18	21
trabalhar com um novo produto Baixa procura de habitação sustentável	96	3.66	22	17	3.35	22
Falta de sistemas de classificação fáceis para os produtos ecológicos	97	3.65	23	17	3.29	23

Nota: 1 denota não significativo, 2 denota ligeiramente significativo, 3 denota moderadamente significativo, 4 denota mais significativo e 5 denota mais significativo. Enquanto N representa o número de inquiridos, MS representa a pontuação média.

- **Estratégias importantes que podem melhorar a utilização de blocos de CAA em projectos de construção.**

A Tabela 9 apresenta os resultados das principais estratégias de adoção de blocos de CAA em projectos de construção. Para os profissionais da Nigéria e da África do Sul, as classificações médias variaram entre 3,71 e 3,88 e entre 4,12 e 4,94, respetivamente. A Tabela 4 mostra que as estratégias do primeiro grupo de inquiridos incluíam o incentivo do governo, a concentração da investigação em materiais de construção ecológicos específicos, o desenvolvimento de novos materiais e procedimentos de construção e a formação de parcerias público-privadas sobre eficiência energética e materiais sustentáveis. Esta conclusão dos inquiridos nigerianos é consistente com a de Davies e Davies (2017), que observaram que a legislação governamental que apoia a conservação de energia e as práticas de construção sustentável são estratégias-chave que podem melhorar a adoção de blocos AAC para projectos de construção. Na mesma linha, as estratégias que podem melhorar a utilização de blocos de CAA em projectos de construção na África do Sul incluem o crescimento no sector das infra-estruturas, a industrialização, a procura de materiais de construção leves, o foco da investigação em materiais de construção ecológicos específicos e as preferências de crescimento no mercado da habitação de baixo custo. Pandey et al. (2018) corroboram as conclusões dos inquiridos sul-africanos de que, para melhorar a utilização de produtos de CAA numa variedade de indústrias, é necessário investir em equipamento automatizado de alta qualidade que utilize tecnologia de produção de ponta.

Tabela 9: Estratégias importantes que podem melhorar a utilização de blocos de CAA em projectos de construção

Estratégias Profissionais nigerianos Sul Profissionais da África do Sul

Estratégias	N	EM	Ran k	N	EM	Ran k
Incentivo governamental	94	3.88	1	17	4.41	11
Centrar a investigação em materiais de construção ecológicos específicos	95	3.81	2	17	4.59	4
Desenvolvimento de novos materiais de construção e processos	96	3.80	3	17	4.35	13
Públic o / privad o / parcerias / sob re / energi a	96	3.79	4	17	4.18	17
eficiência e materiais sustentáveis Industrialização	96	3.78	5	17	4.82	2
Preferências de crescimento por casas de baixo custo	95	3.78	5	17	4.59	4
Crescimento do sector das infra-estruturas	95	3.76	7	17	4.94	1
Educação e formação para profissionais do sector da construção sobre produtos CAA	95	3.76	7	17	4.47	9
A disponibilidade dos profissionais da construção	95	3.76	7	17	4.29	15
como os promotores e empreiteiros, na adoção de materiais sustentáveis Aumentar o financiamento da construção sustentável	96	3.75	10	17	4.47	9
materiais Apoios financeiros e subsídios governamentais	95	3.75	10	17	4.24	16

	95	3.75	10	17	4.65	3
Procura de materiais de construção ligeira Desenvolvimento da estratégia de marketing	96	3.74	13	17	4.53	6
Integrar a sustentabilidade nos currículos formais	96	3.74	13	17	4.35	13
Crescente ênfase em edifícios ecológicos e insonorizados	93	3.72	15	17	4.53	6
Criação de centros de demonstração e de formação	95	3.72	15	17	4.41	11
Promoção do produto pelo governo	95	3.71	17	17	4.53	6
Utilização de classificações de ferramentas	95	3.71	17	17	4.12	18

Nota: 1 denota não importante, 2 denota ligeiramente importante, 3 denota moderadamente importante, 4 denota mais importante, 5 denota mais importante. Enquanto N representa o número de inquiridos, MS representa a pontuação média.

- **Testes de hipóteses**

- **Primeira hipótese**

H_{01} : As opiniões dos peritos da Nigéria e da África do Sul sobre o conhecimento das variantes da AACB são significativamente diferentes. Os resultados do teste U de Mann-Whitney que compara o conhecimento dos profissionais da construção na Nigéria e na África do Sul sobre a familiaridade com 20 variantes da AACB são apresentados no Quadro 10. O quadro mostra que o conhecimento dos profissionais em ambos os países é significativo em 19 das 20 variantes da AACB. Em pormenor, as variantes da AACB com uma diferença significativa em termos de conhecimento e com a hipótese nula rejeitada são (AAC com cimento Portland comum (OPC) de grau 32,5; AAC com cimento Portland comum (OPC) de grau 42,5; AAC com cimento Portland comum (OPC) de grau 52.5); CCA com cinzas de fundo de carvão (CBA); CCA com aditivo de zeólito natural (NZ); CCA com ganga de carvão de auto-ignição (SCG); CCA com cinzas de lamas de depuração incineradas (ISSA); CCA com sílica ativa (SF) / cinza volante (FA); CCA com areia de duna (DS); CCA com cinza de casca de arroz (RHA)/alumínio em pó (AP); CCA com bloco sanduíche de concreto (CSB)/vidro residual (WG); CCA com pó de halloysite (HP); CCA com escória arrefecida a ar (AS); CCA com areia de eflorescência (ES); CCA com areia de fósforo (PS); CCA com ganga de carvão (CG)/rejeitados de minério de ferro (IOT); CCA com cinza de combustível pulverizado (PFA)/cinzas de óleo de palma (POFA); CCA com rejeitos de cobre (CT)/escória de alto-forno (BFS); e CCA com resíduos de perlite (PW)/fibra de polipropileno (PF). A hipótese nula só é aceite para as variantes de CCA fabricadas com BLA, para as quais não existe conhecimento significativo (NS) entre os peritos da Nigéria e da África do Sul.

Quadro 10: Resultados do teste U de Mann-Whitney para comparar a perceção dos profissionais nigerianos e dos profissionais sul-africanos sobre o nível de sensibilização para as variantes dos blocos de CAA

Variantes do AAC Profissionais nigerianos Profissionais sul-africanos

Decisão de avaliação U P

	N	EM	N	EM			
AAC com grau 32,5 Ordinário	97	54.85	17	72.62	567.500	.024	S
Cimento Portland (OPC) AAC com 42,5 de grau Ordinário	95	49.78	17	94.03	160.500	.000	S
Cimento Portland (OPC) AAC com grau 52,5 Ordinário	94	48.06	17	99.91	52.500	.000	S
Cimento Portland (OPC) CCA com cinzas de carvão (CBA)	94	51.68	17	79.88	393.000	.000	S
AAC com Zeolite Natural	95	52.54	17	78.65	431.000	.001	S
Aditivo (NZ) AAC com carvão de auto-ignição	95	53.71	17	72.12	542.000	.023	S
Ganga (SCG) AAC com águas residuais incineradas	93	51.17	17	79.18	388.000	.000	S
Cinzas de lamas (ISSA) AAC com cinza de folha de bambu	95	55.75	17	60.68	736.500	.457	NS
(BLA) CCA com sílica de fumo (SF) / mosca	94	50.03	17	89.03	237.500	.000	S
Cinzas (FA) AAC com areia de duna (DS)	93	49.42	17	88.76	225.000	.000	S

CCA com cinza de casca de arroz (RHA) / pó de alumínio (AP)	93	48.99	16	89.91	185.500	.000	S
CCA com sanduíche de betão	95	52.15	17	80.79	394.500	.000	S
Bloco (CSB) / Vidro residual (WG)	93	50.88	17	80.79	360.500	.000	S
AAC com Halloysite em pó (HP)	94	51.36	17	81.68	362.500	.000	S
CCA com escória arrefecida a ar (AS)							
AAC com areia para eflorescências (ES)	95	52.14	17	80.85	393.500	.000	S
AAC com Areia Fosfórica (PS)	92	50.36	17	80.12	355.000	.000	S
CCA com ganga de carvão (CG) /	95	51.33	16	83.72	316.500	.000	S
Rejeitos de minério de ferro (IOT)	95	51.10	17	86.68	294.500	.000	S
CCA com cinza de combustível pulverizado (PFA) / Cinza de combustível de óleo de palma (POFA)	94	51.41	17	81.35	368.000	.000	S
AAC com rejeitos de cobre (CT) / Escória de alto-forno (BFS)	95	52.43	17	79.26	420.500	.001	S
CCA com resíduos de perlite (PW) / Fibra de polipropileno (PF)							

Nota: P representa significância a P ≤ 0,05, U é Mann-Whitney, S representa diferença significativa, NS representa não significativo

- **Hipótese dois**

H_{02} : Não existe variação significativa no potencial de adoção das AACB entre os profissionais nigerianos. Os resultados inferenciais são apresentados na Tabela 11 da ANOVA. Verifica-se que não existe uma variação substancial na aceitação do potencial de utilização das AACB no sector da construção civil nigeriano (valor P 0,196).

Tabela 11: ANOVA sobre a perspetiva de adoção do bloco AAC nas organizações

	Soma de quadrados	Df	Quadrado médio	F	Valor P
Entre grupos	3.103	2	1.552	1.659	.196
Dentro dos grupos	87.887	94	.935		
Total	90.990	96			

Nota: ρ é significativo a $P \leq 0,05$.

4.8.3 : Hipótese Três

H_{03} : Não existe uma diferença significativa entre os profissionais nigerianos e sul-africanos no que respeita aos factores de criação de blocos de CCA. Os resultados inferenciais são apresentados na Tabela 12. A Tabela 12 mostra que não há diferença significativa na perceção de 10 dos 26 factores determinantes das variantes do CAA com valores de p superiores a 0,05 (p>0,05). Os factores para os quais não há significância e para os quais a hipótese nula é aceite incluem: isolamento térmico superior, excelente isolamento contra o fogo, resistência a pragas e bolor, ótimo isolamento térmico, carga morta reduzida na estrutura, amigo do ambiente, reciclável, isolamento rápido e fácil, sistema de parede respirável, esteticamente apelativo, facilmente adaptável a qualquer estilo de arquitetura, transferência de carga reduzida na fundação, o seu processo de produção não emite gases tóxicos, altamente durável, utilizado para a construção de unidades de habitação baixas e resistente à humidade. Por outro lado, os factores para os quais existe uma diferença significativa entre as duas categorias de profissionais com um valor de p inferior ou igual a 0,05 (p≤0,05), e para os quais a hipótese nula é rejeitada, incluem: leveza, redução do custo de construção, adaptabilidade do bloco CCA a climas tropicais, bom desempenho acústico, ecologicamente melhor do que outros materiais de revestimento convencionais, feito a partir de matérias-primas abundantes, versátil, uma vez que os componentes podem ser utilizados para paredes, pisos e tectos, eficiência energética, utilização de mão de obra reduzida no fabrico e instalação e baixo custo de manutenção.

Tabela 12: Resultados do teste U de Mann-Whitney para comparar a perceção dos profissionais nigerianos e dos profissionais sul-africanos referidos sobre os factores que levam à adoção de blocos de AAC.

Condutores Profissionais nigerianos Profissionais sul-africanos U P-valor Decisão

	N	EM	N	EM			
Absorção térmica superior	96	53.45	17	77.03	475.500	.004	S
propriedade Excelente isolamento contra o fogo	96	53.02	17	79.57	434.000	.001	S
Resistência a pragas e bolores	96	54.51	17	71.09	576.500	.047	S
Leve	95	56.21	17	58.12	780.000	.803	NS
Condutividade térmica óptima	94	52.70	17	74.26	488.500	.008	S
Redução da carga morta sobre	95	53.36	17	74.06	509.000	.012	S
estrutura Redução da construção	96	54.78	17	69.56	602.500	.073	NS
custo Amigo do ambiente	97	54.14	17	76.68	498.500	.006	S
Adaptabilidade do AAC a	95	55.23	17	63.59	687.000	.301	NS
climas tropicais Reciclável	96	54.26	17	72.50	552.500	.028	S
Instalação rápida e fácil	96	53.18	17	78.56	449.500	.002	S
Bom desempenho acústico	93	53.40	17	67.00	595.000	.093	NS
Sistema de parede respirável	95	52.61	17	78.24	438.000	.002	S
Ecologicamente melhor do que outros materiais de revestimento	93	54.56	17	60.65	703.000	.436	NS
convencionais Esteticamente apelativo	96	52.40	17	83.00	374.000	.000	S
Facilmente adaptável a qualquer	94	52.70	17	74.24	489.000	.008	S
estilo de arquitetura Redução da transferência de carga sobre	96	53.20	17	78.47	451.000	.002	S
a fundação Fabricado a partir de	96	55.55	17	65.21	676.500	.241	NS

matérias-primas abundantes						
material Versátil, uma vez que os componentes podem	96	54.75	17	69.71	600.000	.071	NS
pode ser utilizado em paredes, pavimentos e tectos Eficiência energética	96	55.21	17	67.12	644.000	.120	NS
Utilização de mão de obra reduzida em	96	55.10	17	67.74	633.500	.120	NS
fabrico e instalação Baixo custo de manutenção	94	54.32	17	65.29	641.000	.177	NS
O seu processo de produção não	96	52.90	17	80.15	422.500	.001	S
não emitem gases tóxicos Muito durável	96	53.87	17	74.68	515.500	012	S
Utilizado para a construção de	96	52.94	17	79.91	426.500	.001	S
unidades habitacionais baixas Resistente à humidade	95	53.94	17	70.79	564.500	.041	S

Nota: P representa significância a P ≤ 0,05, U é Mann-Whitney, S representa diferença significativa, NS representa não significativo

4.8.4 : Hipótese quatro

H_{04} : Não há acordo significativo entre os profissionais sul-africanos sobre a adoção de variantes de blocos CCA em projectos de construção. Os resultados inferenciais são apresentados no Quadro 13. A Tabela 13 mostra o coeficiente de concordância de Kendall utilizado para testar a concordância entre os inquiridos na sua classificação das 20 variantes de CAA. É utilizado para descobrir se existe uma concordância entre os inquiridos ou os avaliadores. O resultado indicou uma concordância significativa ao nível de P ≤ 0,05; por conseguinte, a hipótese nula foi rejeitada.

Tabela 13: Teste de concordância do coeficiente de Kendall da concordância na classificação das variantes de CAA em 10 projectos de construção

N	Kendall's W	Chi-square	Df	P-Value
17	.743	240.065	19	.000

Nota: P representa a significância a P ≤ 0,05, W representa o Coeficiente de Kendall do teste de concordância, N é o número de inquiridos.

4.8.5 : Hipótese Cinco

H_{05} : Não existe uma diferença significativa na perceção dos profissionais nigerianos e sul-africanos sobre as barreiras que impedem a adoção dos blocos de AAC. Os resultados inferenciais da quinta hipótese, utilizando o teste U de Mann-Whitney com um intervalo de confiança (IC) de 95%, são apresentados na Tabela 14. A Tabela 14 mostra que não há diferença significativa nas percepções de 15 das 23 barreiras hipotéticas, uma vez que os valores de p são superiores ao valor estabelecido de 0,05 (p>0,05), pelo que a hipótese nula é rejeitada. Estas barreiras incluem a perceção desfavorável dos compradores de casas em relação ao bloco de CAA a curto prazo; falta de interesse em novos produtos por parte dos compradores e proprietários de casas; pouco interesse em novos produtos por parte dos arquitectos e promotores; custos iniciais associados à promoção e ensino da indústria para construir com produtos de CAA, potenciais de mercado, baixa procura de habitação sustentável, a estrutura existente da indústria da construção; a falta de informação acessível prontamente disponível, um projeto de demonstração exemplar inadequado para incutir confiança na utilização de produtos CAA; um capital enorme para instalar uma fábrica de CAA; a falta de informação acessível prontamente disponível; conhecimentos técnicos e mão de obra inadequados para fabricar produtos CAA; a utilização de materiais de construção não sustentáveis; e a disponibilidade de materiais convencionais e a acessibilidade dos preços. Considerando que as barreiras para as quais existe uma diferença significativa entre as duas categorias de profissionais com um valor de p inferior ou igual a 0,05 (p≤0.05), e para as quais a hipótese nula é rejeitada, incluem: custos da 'curva de aprendizagem' ao trabalhar com um novo produto; códigos e regulamentos de construção inadequados; falta de sistemas de classificação fáceis para edifícios ecológicos; ausência de normas de design para produtos CAA; políticas e apoios governamentais inadequados; baixo nível de consciencialização e conhecimento sobre o conceito de sustentabilidade; baixo nível de procura e conhecimento de produtos CAA e falta de consciencialização das pessoas para a utilização vantajosa de produtos CAA. Estas conclusões devem-se provavelmente ao facto de, na Nigéria, se dar pouca atenção à investigação para aproveitar os recursos naturais e desenvolver novos materiais.

Quadro 14: Resultados do teste U de Mann-Whitney para comparar a perceção dos profissionais nigerianos e sul-africanos sobre as barreiras que impedem a adoção de blocos de AAC.

Barreiras Profissionais nigerianos Profissionais sul-africanos Marca de valor U P-Re

	N	EM	N	EM			
Perceção desfavorável dos compradores de habitação para o bloco AAC a curto prazo	95	58.26	17	46.65	640.000	.156	NS
Falta de interesse em novos produtos por	96	59.29	17	44.09	596.500	.065	NS
compradores e proprietários de casas	95	58.18	17	47.12	648.000	.174	NS
Pouco interesse em novos produtos por Arquitectos e promotores	96	60.18	17	39.03	510.500	.010	S
Custos da "curva de aprendizagem" enquanto trabalhar com um novo produto	95	58.89	17	43.12	580.000	.053	NS
Custos de arranque associados a promover e ensinar a indústria a construir com produtos CAA	95	58.87	17	43.24	582.000	.052	NS
Potenciais de mercado Códigos de construção	96	59.77	17	41.38	550.500	.026	S

inadequados e						
regulamentos Baixa procura de produtos sustentáveis	96	59.08	17	45.26	616.500	.093	NS
habitação Falta de sistemas de classificação fáceis para	92	57.54	17	41.26	548.500	.041	S
edifícios ecológicos Ausência de normas de conceção para	96	59.43	17	43.29	583.000	.049	S
Produtos AAC						
Políticas governamentais inadequadas	94	59.17	17	38.47	501.000	.011	S
e apoia Estrutura atual do	95	58.40	17	45.88	627.000	.127	NS
sector da construção Falta de acesso rápido e acessível	95	58.01	17	48.06	664.000	.225	NS
informação Baixo nível de sensibilização e	96	60.17	17	39.12	512.000	.011	S
conhecimento do conceito de sustentabilidade Baixo nível de procura e	96	60.47	17	37.41	483.000	.006	S
conhecimento dos produtos de CAA Demonstração exemplar inadequada	96	58.72	17	47.26	650.500	.160	NS
projeto para incutir confiança na utilização de produtos de CAA Não sensibilização das pessoas para	96	59.69	17	41.82	558.000	.028	S
a utilização vantajosa dos produtos CAA Elevado capital para a criação de uma fábrica de CCA	95	55.89	17	59.88	750.000	.623	NS
Falta de informação facilmente disponível e acessível	93	56.66	17	49.18	683.000	.350	NS

Barreiras Profissionais da Nigéria Profissionais da África do Sul

U P- Marca de valor real

	N	EM	N	EM			
Conhecimentos técnicos inadequados	93	56.63	17	49.29	685.000	.364	NS
e mão de obra para fabricar							
Produtos AAC							
Utilização de construções não sustentáveis	95	58.47	17	45.50	620.500	.116	NS
materiais							
Disponibilidade de produtos convencionais	95	57.86	17	48.88	678.000	.271	NS
materiais							
Acessibilidade	95	58.71	17	44.18	598.000	.074	NS

Nota: P representa significância a P ≤ 0,05, U é Mann-Whitney, S representa diferença significativa, NS representa não significativo

4.8.6   : Hipótese Seis

H_{06} : Não há diferença significativa na perceção dos profissionais nigerianos e sul-afrịcanos sobre as estratégias para melhorar a adoção de blocos de CAA. Os resultados inferenciais, utilizando o teste U de Mann-Whitney com um intervalo de confiança (IC) de 95%, são apresentados na Tabela 15. A Tabela 15 mostra que não existe uma diferença significativa na perceção de 16 das 18 estratégias previstas para a adoção de blocos de CAA, porque os valores de p são superiores a 0,05 (p>0,05), pelo que se aceita a hipótese nula. As estratégias incluem: procura de materiais de construção leves; preferências crescentes por casas de baixo custo; aumento do foco em edifícios verdes e à prova de som; criação de centros de demonstração e formação; integração da sustentabilidade nos currículos formais; aumento do financiamento para materiais de construção sustentáveis; concentração da investigação em materiais de construção verdes específicos; educação e formação para profissionais do ambiente construído sobre produtos de CAA; parcerias público-privadas sobre eficiência energética e materiais sustentáveis, apoios financeiros e subsídios do governo, incentivo do governo, desenvolvimento de novos materiais e processos de construção;

promoção do produto pelo governo; prontidão dos profissionais da construção, tais como promotores e empreiteiros, na adoção de materiais sustentáveis; e utilização de classificações de ferramentas e desenvolvimento de estratégias de marketing. Considerando que, as estratégias para as quais existe uma diferença significativa entre as duas categorias de profissionais com um valor de p menor ou igual a 0,05 (p≤0,05), e para as quais a hipótese nula é rejeitada incluem; crescimento no sector das infra-estruturas e industrialização.

Quadro 15: Resultados do teste U de Mann-Whitney para comparar a perceção dos profissionais nigerianos e sul-africanos sobre as estratégias avançadas de adoção de blocos de AAC.

Estratégias Profissionais nigerianos Profissionais sul-africanos Decisão de valor U P

	N	EM	N	EM			
Crescimento do sector das infra-estruturas	97	54.13	17	76.74	497.500	.003	S
sector Industrialização	97	55.08	17	71.29	590.000	.032	S
Procura de materiais de construção ligeiros	97	55.79	17	67.24	659.000	.146	NS
Preferências de crescimento para os baixos rendimentos	96	55.70	17	64.32	691.500	.270	NS
casas de custos Crescente ênfase no verde	97	56.22	17	64.82	700.000	.279	NS
e edifícios insonorizados Criar demonstrações e	95	55.32	17	63.09	695.500	.324	NS
centros de formação Integrar a sustentabilidade	95	56.33	17	57.47	791.000	.885	NS
nos currículos formais Aumentar o financiamento para	96	56.32	17	60.85	750.500	.563	NS
materiais de construção sustentáveis A investigação sobre temas verdes específicos	95	55.53	17	61.91	715.500	.397	NS
materiais de construção Educação e formação para	96	56.32	17	60.82	751.000	.566	NS

profissionais do sector da construção sobre os produtos CAA Parcerias público-privadas	95	57.91	17	48.62	673.500	.237	NS
sobre eficiência energética e materiais sustentáveis Finanças públicas	96	57.80	17	52.50	739.500	.504	NS
apoios e subsídios Incentivos governamentais	94	56.70	17	52.15	733.500	.546	NS
Desenvolvimento de novos materiais e processos de construção	96	57.75	17	52.76	744.000	.523	NS
Promoção governamental de	96	55.66	17	64.59	687.000	.262	NS
produto A disponibilidade de	96	57.89	17	51.97	730.500	.453	NS
profissionais da construção, tais como promotores e empreiteiros, na adoção de materiais sustentáveis Utilização de classificações de ferramentas	94	56.15	17	55.15	784.500	.900	NS
Desenvolvimento da estratégia de marketing	96	56.01	17	62.59	721.000	.403	NS

Nota: P representa significância a P ≤ 0,05, U é Mann-Whitney, S representa diferença significativa e NS representa não significativo.

- **Discussão dos resultados**

De acordo com a avaliação, observou-se que as variantes do AACB estão a ganhar um pouco de popularidade entre os profissionais da indústria da construção nigeriana, uma vez que os profissionais conhecem ligeiramente 19 dos 20 tipos de AACB investigados. Entretanto, os resultados da indústria de construção sul-africana indicam que conhecem melhor a maioria das variantes de AACB. O AACB não está a ser utilizado em paredes e os profissionais desconhecem a sua existência porque não é um dos componentes típicos de paredes utilizados na construção de edifícios na Nigéria. Esta constatação está de acordo com Ikponmwosa et al. (2014), que constataram anteriormente que o betão celular não é popular na Nigéria. Por outro lado, as conclusões dos profissionais de construção sul-africanos indicaram que conhecem perfeitamente o AACB com OPC de grau 52,5. Também conhecem profundamente o AACB com 42,5 graus de OPC e o RHA/AP. Estas conclusões são congruentes com as de Rathi e Khandve (2015), Oo e Hlaing (2018) e Manikandan et al. (2018), que descobriram que o OPC de grau 52,5, o OPC de grau 42,5 e o pó de alumínio são os principais componentes utilizados na produção de AACB. No entanto, os profissionais sul-africanos não têm conhecimento da utilização de BLA no fabrico de AAC. O Quadro 5 não mostra qualquer diferença visível na quantidade de conhecimento sobre a criação de AACB utilizando BLA nos dois países. Isto também implica que a utilização do BLA como substituto do cimento no fabrico de AACB não foi investigada. Além disso, os resultados apresentados no Quadro 4 mostram que o conhecimento de 19 das 20 variantes de AACB é estatisticamente significativo. Pode ver-se que a disposição dos profissionais sobre as potencialidades e percepções das perspectivas de utilização de AACB no sector da construção nigeriano é moderada. Isto implica que os peritos irão provavelmente utilizar os materiais como módulos de paredes em futuros projectos de construção. A Tabela 5 também não revelou nenhuma disparidade significativa na aceitabilidade da utilização de AACB como material de revestimento de paredes em projectos de construção pelos nigerianos. Os quatro CAA mais utilizados na África do Sul descobertos neste estudo corroboram as conclusões de Falade e Ikponmwosa (2008), segundo as quais, se o bloco for utilizado na Nigéria, as vantagens económicas serão impulsionadas. Khalil (2020) opina que o CAA é um material alternativo mais ecológico, muito procurado no sector da construção, afirmando que é amplamente utilizado na Europa e na Ásia. A sua utilização tem vindo a ganhar força no Egito, onde o CAA foi utilizado em vários projectos, incluindo, entre outros, o Four Seasons Nile Plaza Hotel, o 57375 Hospital, o International Medical Center, o Cairo American College e a Mars Factory (Khalil, 2020). Rathore (2018) também estabeleceu 40%, 16% e 60% de utilização no Reino Unido, na Índia e na Alemanha, respetivamente. Além disso, os factores importantes encontrados neste estudo também corroboram as conclusões de Rathi e Khandve (2015), segundo as quais a utilização de blocos CCA ecológicos em vez dos tradicionais tijolos vermelhos reduz os custos de construção em até 20%. A adoção de blocos CCA também resulta em elementos relativamente mais leves ao reduzir a carga morta da parede sobre as vigas, o que diminui a necessidade de materiais como cimento, reforço e areia em até 50%. Além disso, na África do Sul, o estudo também revelou que os factores mais importantes são: excelentes propriedades de isolamento contra o fogo, leveza, eficiência energética, excelente capacidade de absorção térmica, adaptabilidade a qualquer estilo arquitetónico, eco-amizade e óptima condutividade térmica, entre outros (Plena, 2018). De acordo com a Research and Market (2020), o CAA é adotado em projectos de construção na Coreia do Sul devido aos benefícios que oferece a um edifício ao reduzir as necessidades de arrefecimento e aquecimento. A sua adoção generalizada no Canadá também se deve à sua capacidade de resistir ao calor (Research & Market, 2020). No Reino Unido, é adotado para melhorar o desempenho térmico e acústico. Também se pode ver que isto apoia as afirmações de Pandey et al. (2018) de que o CAA é leve e tem uma baixa condutividade térmica, uma vez que é arejado e inclui 50-60% de ar. A energia utilizada no processo de produção não produz quaisquer subprodutos ou resíduos nocivos, nem liberta quaisquer poluentes. O CAA é trabalhável, o que reduz o desperdício na obra, e tem uma resistência à compressão mais elevada do que os tijolos de barro típicos. Na mesma linha, Khalil (2020) dá crédito à capacidade de poupança de energia do CCA como uma propriedade cativante para os utilizadores.

5. CONCLUSÃO E RECOMENDAÇÕES

Os resultados do estudo permitem tirar as seguintes conclusões:

1. Os resultados do estudo mostraram que o CCA fabricado com OPC de grau 52,5, o CCA fabricado com OPC de grau 42,5, o CCA fabricado com AP/RHA e o CCA fabricado com PFA/POFA são as variantes de blocos de CCA mais frequentemente utilizadas nos projectos sul-africanos. Isto implica que os produtores de blocos de CCA que criam variantes de CCA para além das quatro principais terão provavelmente dificuldades em manter-se no mercado devido à falta de aprovação profissional.

2. O estudo conclui que, embora a aceitação dos blocos CCA seja maioritariamente ponderada em termos de leveza, a importância de outros factores varia entre os dois países. Dado que o bloco CCA é uma opção mais acessível para materiais de paredes de edifícios altos do que outros componentes estruturais, é evidente que os peritos de ambos os países dão grande importância às caraterísticas de leveza do bloco. A afirmação de que o CAA é um componente sólido e sustentável, mas que ainda não foi adotado adequadamente nos países da Nigéria e da África do Sul, motivou o estudo.

3. Concluiu-se dos resultados que a África do Sul tem um maior nível de conhecimento das variantes de AACB do que a Nigéria. Isto implica que a falta de conhecimento causaria um fraco patrocínio dos fabricantes de AACB; por conseguinte, as empresas que envolvem AACB não prosperariam na Nigéria. O aumento do patrocínio exige uma maior sensibilização.

4. Na Nigéria, existe uma propensão média para a utilização de AACB em projectos de construção. Isto sugere que os peritos poderão adotar o bloco em projectos de construção nos próximos anos.

5. As barreiras que impedem a adoção de blocos CCA variam em ambos os países. Enquanto as políticas e apoios governamentais inadequados impedem a adoção de blocos CCA nos projectos nigerianos, o capital inadequado para instalar uma fábrica de CCA impede a sua adoção nos projectos sul-africanos.

Isto implica que haveria falta de interesse por parte dos arquitectos e promotores em adotar o bloco nos seus projectos.

6. Embora existam várias barreiras que impedem a adoção de blocos de CCA em ambos os países, as intervenções governamentais e o crescimento das infra-estruturas podem melhorar a sua utilização nas duas nações. Isto implica que, se o governo puder desempenhar um papel ativo no emprego de blocos de CAA, a sua utilização generalizada pode melhorar o fornecimento de edifícios sustentáveis.As recomendações que se seguem baseiam-se nas conclusões retiradas dos resultados do estudo:

1. A investigação recomenda que os profissionais actualizem os seus conhecimentos sobre o AAC para compreenderem melhor o AACB. Para o efeito, podem ser utilizados seminários e workshops, formação sobre AACB e materiais de construção amigos do ambiente.

2. O estudo sugere que os governos, as partes interessadas e as instituições de investigação envidem mais esforços no fabrico e otimização de AACB para atrair o interesse de consultores, clientes/promotores e empreiteiros.

3. O estudo recomenda que as pessoas envolvidas em projectos de construção, bem como as que especificam blocos de CAA para paredes, devem assegurar que é dada uma atenção especial à seleção e especificação destes blocos. Por conseguinte, a sensibilização para os impactos positivos do CAA pode ajudar a concretizar a sua implementação em projectos de construção.

4. O estudo defende a eliminação das barreiras que impedem a adoção de blocos de CCA, fornecendo políticas e apoios governamentais para aproveitar os materiais locais, de modo a produzir o nosso próprio tipo de blocos de CCA. Isto pode ser conseguido se forem disponibilizados fundos e se as pequenas e médias empresas forem protegidas pelo governo através da redução dos seus impostos.

5. Devem ser adoptadas estratégias adequadas para combater os desafios da implementação da CAA no sector da construção. Isto pode ser conseguido através da sensibilização dos intervenientes na construção por parte dos governos, organismos profissionais e organizações dos media.

REFERÊNCIAS

Afolabi, A.O., Ojelabi, R.A., Omuh, I.O., e Tunji-Olayeni, P.F. (2019). Impressão de casas em 3D: Uma solução de habitação sustentável para as necessidades habitacionais da Nigéria. 3ª Conferência Internacional sobre Ciência e Desenvolvimento Sustentável (ICSSD), IOP Conf. Series: Journal of Physics: Conf. Série 1299 (2019) 012012 IOP. doi:10.1088/1742-6596/1299/1/012012

Aghimien, D. O., Aigbavboa, C. O., & Thwala, W. D. (2019). Microscopando os desafios da construção sustentável nos países em desenvolvimento. Jornal de Engenharia, Design e Tecnologia, 17(6), 1110-1128.

Akadri, P.O. (2015). Entendendo as barreiras que afetam a seleção de materiais sustentáveis em projetos de construção. Journal of Building Engineering, 4(2015), 86- 93.

Anderson, S., Bennett, R. e Collopy, C. (2000). Assessing the need for green building design and construction sector survey results", Office of Sustainable Development - Green Building Division, Portland, Oregon.

Bankole-Ojo, (2008). The Use of Interlocking Blocks in Achieving Aesthetics and Stability in Public Housing. Uma tese de mestrado não publicada apresentada ao Departamento de Arquitetura da Universidade Federal de Tecnologia, Akure, Ondo, Nigéria.

Boido, S. C., & Caldera, C. (2002). Potencial, limitações e sustentabilidade do betão celular autoclavado. Actas da Atti International Conference on Sustainable Building, Oslo, Noruega.

Cheran, K., Shanthi, M.R. e Krithigaa, M. (2017). Uma análise de desempenho do concreto aerado autoclavado. Revista Internacional de Investigação em Ciência e Engenharia, 5(3), 1112-1117.

Cong, X. Y., Lu, S., Yao, Y., & Wang, Z. (2016). Fabricação e Caracterização de Concreto Aerado Autoclavado de Ganga de Carvão de Auto-ignição.

Materials and Design, 97, 155-162. DOI 10.1016/j.matdes.2016.02.068.

Davies, O.O.A. e Davies, I.O.E. (2017). Barreiras à implementação de técnicas de construção sustentável. Journal of Environmental Science, 2, 1-9. Davis, A., (2001) Barriers to Building Green". ArchitectureWeek.com. disponível em http://www.architectureweek.com/2001/0822/environment_1-1.html,

Desani, P., Soni, M., Gandhi, N., & Mishra, V. (2016). Betão celular autoclavado: Uma alternativa sustentável de alvenaria de tijolos de barro em forma de betão leve. Jornal de Pesquisa e Desenvolvimento Global para Engenharia | Avanços Recentes em Engenharia Civil para Sustentabilidade Global, 436-441.

Djokoto, S.D., Dadzie, J. e Ohemeng-Ababio, E. (2014). Barreiras à construção sustentável na indústria da construção do Gana: Perspectivas dos Consultores. Jornal do Desenvolvimento Sustentável, 1(7), 134-143.

Domingo, E.R. (2008). Uma introdução ao betão celular autoclavado, incluindo requisitos de conceção utilizando a conceção da resistência. Relatório técnico, Universidade do Estado do Kansas.

Dunster, A. M. (2007). Caracterização de Resíduos Minerais, Recursos e Tecnologias de Processamento - Gestão Integrada de Resíduos para a Produção de Material de Construção. Estudo de caso sobre: Incinerated Sewage Sludge Ash (ISSA) in Autoclaved Aerated Concrete (AAC), 1-6.

Eley, J. (2011). Construção Sustentável: The Client's Role, Londres: RIBA Publishing.

El-Gohary, N.M., & El-Diraby, T.E. (2010). Dynamic Knowledge-based Process Integration Portal for Collaborative Construction. Journal of Construction Engineering and Management, 136(3), 316 - 328.

Falade, F. e Ikponmwosa, E. (2008). An Overview of Foamed Aerated Concrete- A Building and Civil Engineering Construction Material. Journal of Engineering Science and Technology, 3(3), 5-14.

Gobinath, G., Rama, M., & Selvi, P. V. (2023). Uma visão geral dos materiais de mudança de fase e suas aplicações na indústria da construção. Materiais

Hoje: Proceedings.

Gounder, S., Hassan, A., Shrestha, A. e Elmualim, A. (2021). Barreiras ao uso de materiais sustentáveis em projetos de construção australianos. Engineering, Construction and Architectural Management, Vol ahead-of -print No. ahead-of-print.

Hamad, A.J. (2014). Materiais, produção, propriedades e aplicação de betão leve celular: A review. Revista Internacional de Ciência e Engenharia de Materiais, 2(2), 152-157.

Ikponmwosa, E., Falade, F., & Fapohunda, C. (2014). Uma revisão e investigações de algumas propriedades do betão celular com espuma. Jornal Nigeriano de Tecnologia, 33(1), 1-9.

Ismail, K. M., Fathi, M. S., & Manaf, N. (2004). Estudo do comportamento do betão leve. Universiti Teknologi Malaysia.

Jiang, J., Ma, B., Cai, Q., Shao, Z., Hi, Y., Qian, B., Wang, J., Ma, F., & Wang, L. (2021). Utilização de Resíduos ZSM-5 para a Preparação de AAC: Propriedades Mecânicas e Produtos de Reação. Materiais de Construção e Construção, 297(2021), 1-10.

Kadashevich, I., Schneider, H.J., & Stoyan, D. (2005). Modelação estatística da estrutura geométrica do sistema de poros de ar artificiais em betão celular autoclavado. Cement Concrete Resources, 5(1), 495-502.

Kang, M., & Guerin, D.A. (2009). O Estado da Prática de Design de Interiores Ambientalmente Sustentável. Jornal Americano de Ciências Ambientais, 5(2), 179-186

Khalil, E. (2020). Impacto do betão celular autoclavado (AAC) nas construções modernas: Um estudo de caso na nova capital administrativa do Egito [Tese de Mestrado, Universidade Americana do Cairo]. AUC Knowledge Fountain. https://fount.aucegypt.edu/etds/804

Khan, R.A. (2020). Preparação de bloco de concreto aerado autoclavado (AAC) usando pó de alumínio como agente espumante. Revista Internacional de Investigação em Engenharia e Tecnologia, 07(02), 143-148.

Khanal, E. D., Mishra, A. P. D. A. K., & Ghimire, B. (2020). Avaliação da adequação técnica do bloco de concreto aerado autoclavado como alternativa ao material de construção de paredes de edifícios: Um caso do Nepal. Saudi Journal of Civil Engineering, 4(5), 55-67.

Kunchariyakun, K., Asavapisit, S., & Sombatsompop, K. (2015). Propriedades do concreto aerado autoclavado incorporando cinza de casca de arroz como substituição parcial do agregado fino. Cimento e Compósitos de Betão, 55, 11-16. DOI 10.1016/j.cemconcomp.2014.07.021.

Kurama, H., Topçu, I. B., & Karakurt, C. (2009). Propriedades do betão celular autoclavado produzido a partir de cinzas de fundo de carvão. Journal of Materials Processing Technology, 209(2), 767-773. DOI 10.1016/j. jmatprotec.2008.02.044.

Manikandan, D., Gopalakrishnan, S., & Cheran, K. (2018). Uma investigação experimental sobre concreto aerado autoclavado. Jornal Internacional de Avanços Intelectuais e Pesquisa em Computações de Engenharia, 6(2).

Market & Research (2020). Global Autoclaved Aerated Concrete Market. https://www.globenewswire.com/news- release/2020/07/02/2056831/0/en/Global-Autoclaved-Aerated-Concrete- Market-2020-to-2025-Low-Market-Penetration-Offers-Significant-Market- Opportunity.html

Mehmannavaz, T., Ismail, M., Sumadi, S. R., Bhutta, M. A. R., & Samadi, M. (2014). Efeito binário de cinzas volantes e cinzas de combustível de óleo de palma no calor do concreto aerado de hidratação. Revista Científica Mundial, 2014, 1-6. DOI 10.1155/2014/461241.

Moshin, A.H., & Ellk, D.S. (2018). Identificação de barreiras ao uso de materiais de construção sustentáveis na construção civil. Jornal de Engenharia e Desenvolvimento Sustentável, 22(2), 107-115.

Mostafa, N. Y. (2005). Influência da Escória Arrefecida nas Propriedades Físico-Químicas do Betão Celular Autoclavado. Cement and Concrete Research, 35(7), 1349- 1357. DOI 10.1016/j.cemconres.2004.10.011.

Murugappan, V., & Muthadhi, A. (2022). Estudos sobre a influência do alginato como polímero natural nas propriedades mecânicas e de longa duração do betão - Uma revisão. Materials Today: Proceedings, 65, 839-845.

Narayanan, N., & Ramamurthy, K. (2000). Structure and properties of aerated Concrete: A review. Cement Concrete Component, 22, 321-329.

Nduka, D. O., Ede, A. N., Oyeyemi. K.D. & Olofinnade, O.M. (2023) Consciência, benefícios e desvantagens das práticas de construção com energia zero líquida: percepções dos profissionais da indústria da construção. 1ª Conferência Internacional sobre Desenvolvimento de Infra-estruturas Sustentáveis, IOP Conf. Series: Ciência e Engenharia de Materiais 640 (2019) 012026 IOP. doi:10.1088/1757- 899X/640/1/012026.

Nikyema, G.A., & Bluoin, V.Y. (2020). Barreiras à adoção de materiais e tecnologias de construção ecológicos nos países em desenvolvimento: O caso do Burkina Faso. Série de conferências IOP: Earth & Environmental Science, 410(2020)012079. Ofori, G. (2006). Attaining Sustainability Through Construction Procurement in Singapore", CIB W092- Procurement Systems Conference 2006, Salford, Reino Unido.

Ofori, G. (2002). Construction: Moving Towards a Knowledge-based Industry". Building Research and Information, 30(6), 401-412.

Oladiran, O. J., & Simeon, D. R. (2023). Consciência e Perspectivas dos Blocos de Betão Celular Autoclavado para a Construção de Paredes: Um estudo comparativo da Nigéria e da África do Sul. Journal of Construction Business and Management, 6(2), 1-10.

Oladiran, O., Anugwo, I. C., & Simeon, D. R. (2023). Um material de parede sustentável alternativo para projetos de construção na indústria da construção. Em Associação de Escolas de Construção da África Austral 17º Construído Conferência do Ambiente, 9 e 10 de outubro de 2023. Centro de Convenções do CSIR, Pretória, África do Sul. pp. 1-7.

Omuh, I.O., Ojelabi R.A., Tunji-Olayeni,P.F., Afolabi, A.O., Amusan, L. e Okanlawon, B. (2018). Projeto e adoção de tecnologia de construção verde: perspetiva dos ocupantes. Jornal Internacional de Engenharia Mecânica e

Tecnologia (IJMET), 9(8), 1345-1352. ISSN Print: 0976-6340 e ISSN
Em linha: 0976-6359

Oo, K.W. & Hlaing, S.N. (2018). Uso benéfico do bloco de concreto aerado
autoclavado. Jornal Internacional de Tendência em Pesquisa e Desenvolvimento
Científico, 2(5), 1961-1965.

Owsiak, Z., Sołtys, A., Sztąboroski, P., & Mazur, M. (2015). Propriedades do
concreto aerado autoclavado com Halloysite em condições industriais. 7ª
Conferência Técnico-Científica Problemas de Materiais em Engenharia Civil,
214- 219.

Pandey, S., Singh, K., Kirar, K.G., & Rajak, S. (2018). Uma revisão sobre a
comparação de parâmetros de resistência entre blocos AAC e tijolos de argila
para construção de edifícios usando STAAD Pro. Jornal Internacional de
Pesquisa Avançada, Idéias e Inovações em Tecnologia, 4(5), 71-73. Disponível
online em: www.ijariit.com

Patil, K.M., & Patil, M.S. (2017). Materiais de construção sustentáveis e
tecnologia no contexto do desenvolvimento sustentável. Revista Internacional de
Investigação em Engenharia e Tecnologia, 10(1), 112-117.

Prakash, T.M., Kumar, B.G.N., & Karisiddapa, (2013). Resistência e
propriedades elásticas de blocos aerados (ACBs), Jornal Interno de Pesquisa em
Engenharia Civil e Estrutural (IJSCER) 1 (2), 304-307.

Rahman, R.A., Fazlizan, A., Asim, N., & Thongtha, A. (2020). Uma Revisão
sobre a Utilização de Resíduos para a Produção de Concreto Aerado
Autoclavado. Jornal de Materiais Renováveis, 9(1), 61-72.

Rathi, S.O. & Khandve, P.V. (2015). Custo-eficácia do uso de blocos AAC para
construção de edifícios em edifícios residenciais e edifícios públicos.
Jornal Internacional de Investigação em Engenharia e Tecnologia, 05(05), 517-
520

Rathod, S.M., & Akbari, Y.V. (2017). Avaliação do desempenho de blocos de
concreto autoclavado aerado usando sílica ativa. Jornal de Tecnologias
Emergentes e Pesquisa Inovadora, 4(04), 220-225.

Rathore, S. (2018). Avaliação sísmica do bloco AAC e do edifício totalmente preenchido com parede de tijolos e edifício com piso macio em diferentes andares, 4 (4), 722-730.

Sahu, M.K. & Singh, L. (2017). Revisão crítica dos tipos de tijolo tipo 3: bloco AAC. Revista Internacional de Engenharia Mecânica e de Produção, 5(11), 111-115

Sarma, N., Telang, D., & Rath, B. (2017). Uma revisão sobre a resistência da alvenaria de tijolos de barro. Revista Internacional de Ciência Aplicada e Tecnologia de Engenharia, 5, 2620-2626.

Simeon, D. R., & Oladiran, O. J. (2023). Barreiras e estratégias de melhoria para o uso de blocos de concreto aerado autoclavado (AAC) em projetos de construção. Journal of Contemporary Research in the Built Environment, 7(1), 61-73.

Subash, M.C.G., Satyannarayana, V.S.V., & Srinivas, J. (2016). Betão autoclavado aerado (AACB): Um material de construção revolucionário na indústria da construção. Revista Internacional de Ciência, Tecnologia e Gestão, 5(01), 167 - 174.

Uzairuddin, S., & Jaiswal, M. (2022). Monitorização e modelação digital do esquema de gestão da cadeia de abastecimento da construção com BIM e GIS: Uma visão geral. Materials Today: Proceedings, 65, 1908-1914.

Vu, H.Q., & Nguyen, T.N. (2017). A influência dos aditivos nas propriedades do AAC usando areia de duna como agregado fino. Jornal de Pesquisa em Engenharia Civil, 7(1), 1-8.

Walczak, P., Małolepszy, J., Reben, M., Szymański, P., & Rzepa, K. (2015). Utilização de Resíduos de Vidro em Concreto Aerado Autoclavado. Procedia Engineering, 122, 302-309. DOI 10.1016/j.proeng.2015.10.040.

Wang, C. L., Ni, W., Zhang, S. Q., Wang, S., & Gai, G. S. (2016). Preparação e Propriedades do Concreto Aerado Autoclavado Utilizando Ganga de Carvão e Rejeitos de Minério de Ferro. Construção e Materiais de Construção, 104, 109-115. DOI 10.1016/j.conbuildmat.2015.12.041.